UNTERSUCHUNGEN ÜBER DIE FOURIERSYNTHESE
DER LADUNGSVERTEILUNG IN KRISTALLEN

BAND I

DR.-ING. W. DE BEAUCLAIR

VERFAHREN UND GERÄTE ZUR MEHRDIMENSIONALEN FOURIERSYNTHESE

1949

AKADEMIE-VERLAG · BERLIN

UNTERSUCHUNGEN ÜBER DIE FOURIERSYNTHESE
DER LADUNGSVERTEILUNG IN KRISTALLEN
BAND I

VERFAHREN UND GERÄTE ZUR MEHRDIMENSIONALEN FOURIERSYNTHESE

VON

DR.-ING. W. DE BEAUCLAIR

1949

AKADEMIE-VERLAG · BERLIN

Erschienen im Akademie-Verlag GmbH., Berlin NW 7, Schiffbauerdamm 19
Lizenz-Nr. 156 · 1953/48–718/48
Gedruckt in der Offizin Haag-Drugulin, Leipzig M 103
Bestell- und Verlags-Nr. 5012/1

ÜBERSICHT

Zur Klärung und Vorausbestimmung der physikalischen Eigenschaften von Kristallen ist die Kenntnis der Elektronendichteverteilung erforderlich. Sie ergibt sich durch mehrdimensionale Fouriersynthese von Strukturamplituden, die aus röntgenographischen Messungen gewonnen werden. Diese Synthese ist umständlich und äußerst zeitraubend, schon wegen des Umfanges des zu bearbeitenden Zahlenmaterials. Auch gibt es bisher keine gemeinverständliche Anleitung für die praktische Durchführung der Rechnung.

In der vorliegenden Arbeit wird deshalb zunächst der mathematische Gehalt der zwei- und dreidimensionalen Synthese erläutert und veranschaulicht. Darauf aufbauend werden einige rechnerische, leicht schematisch ausführbare Verfahren dargestellt. Sie empfehlen sich zur Benutzung bis zu dem Zeitpunkt, in dem selbsttätige Synthesegeräte, deren Gestaltungsgrundlagen hier geschildert werden, zur Verfügung stehen werden.

Diese Überarbeitung faßt die Inhalte des 1. Berichts über Fouriersynthese der Ladungsverteilung in Kristallen vom 20.3.1944: „Zweidimensionale Fouriersynthese mittels elektrischer Frequenzmodulation" (ZWB UM 780) und der Dissertation vom 17.12.1944: „Geräte zur mehrdimensionalen Fouriersynthese" zusammen unter Ergänzung durch einen Anhang über die Tafeln der Phasenfaktoren und ein dreidimensionales Syntheseverfahren.

25. Mai 1947 Wilfried de Beauclair

FRAU MATHILDE WALBE

IN DANKBARER VEREHRUNG

Inhaltsverzeichnis

Kriegsereignisse haben das Manuskript beschädigt und das Bildmaterial sowie schon vorhandene Geräte vernichtet. Daher muß die Arbeit ohne die vorgesehenen Photos die nur zum Teil durch schematische Zeichnungen ersetzbar waren, abgeschlossen werden.

Vorwort

Gegenstand des vorliegenden Berichts ist die mehrdimensionale Fouriersynthese, wie sie derzeit noch fast ausschließlich im Dienste der Kristallforschung gebraucht wird.

In der physikalischen Chemie ist die Frage nach dem gegenseitigen Bindungszustand der Moleküle in Kristallen von größter Bedeutung. Mit ihr hängt die Erforschung des Aufbaues der festen Stoffe zusammen, und von ihrer Beantwortung ist Aufschluß zu erwarten über die Beziehung der Feinstruktur eines Stoffes zu seinem chemisch-physikalischen Verhalten. Die praktische Tragweite derartiger Forschung bedarf keiner Unterstreichung.

Über die Notwendigkeit wirtschaftlicher, schnell und leicht erlernbarer Verfahren zur Fouriersynthese besteht daher kein Zweifel. Die rein rechnerische Durchführung der Synthese ist jedoch schwierig oder zum mindesten wegen des umfangreichen Zahlenmaterials so langwierig, daß Strukturuntersuchungsreihen im wünschenswerten großen Umfang fast undurchführbar sind. Erst ein möglichst schematisches Rechenverfahren mit weitgehender Verwendung von Hilfsmitteln oder noch besser ein selbsttätig arbeitendes Rechengerät geben die Möglichkeit, die Synthese der ihrerseits schnell zu erledigenden Messungen in ebenfalls annehmbarer Zeit und mit tragbarem Personalaufwand auszuführen. Die Entwicklung solcher Hilfsmittel zur Synthese ist daher dringend notwendig.

An welcher Stelle der physikalischen Erforschung von Kristallstrukturen die Fouriersynthese ansetzt, wird aus der „physikalischen Einleitung" hinlänglich verständlich werden. Die „mathematische Einleitung" soll für den unvermeidlichen mathematischen Formalismus die Grundlage liefern und darüber hinaus versuchen, die Aufgabenstellung der mehrdimensionalen Synthese einigermaßen anschaulich zu machen. Diese greift naturgemäß vielfach unmittelbar auf die eindimensionale Synthese zurück. Der Abschnitt 1 wird deshalb das Wesentliche hieran erläutern, der zwei- und dreidimensionalen Synthese gelten die späteren Abschnitte, die dann auf den eindimensional gelegten Grund aufbauen können.

Ziel der Arbeit ist, für die zwei- und dreidimensionale Fouriersynthese die mathematischen Grundlagen und die bisher benutzten Rechenverfahren durchzumustern und so aufzubereiten, daß sie auch für den Nichtspezialisten verständlich und handlich werden. Insbesondere aber sollen Hilfsmittel oder Geräte entworfen oder angeregt werden, welche die Synthese in kurzer Zeit auf möglichst übersichtliche Weise leisten. Deshalb wird im wesentlichen auf den Entwurf von selbsttätigen Synthesatoren eingegangen und zuvor stichwortartig über schon bekannte oder nur erdachte maschinelle Möglichkeiten berichtet. Wo praktisch brauchbare Ansätze vorzuliegen scheinen, wird die Darstellung ausführlicher.

Für die dreidimensionale Synthese, die an Wichtigkeit mindestens vorerst der zweidimensionalen wesentlich nachsteht, sind nur geringere Vorarbeiten geschehen. Da für voll selbsttätige Überlagerer der mechanische Aufwand beträchtlich wird, ist hier nur ein rechnerisches Verfahren mit gerätemäßiger Hilfe als brauchbar anzusehen und breiter herausgestellt. Da dieser Bericht nur einen vorläufigen Stand der Arbeiten schildern kann, die überdies durch die Unbill der Zeiten erheblich gestört wurden, darf keineswegs eine endgültige Aussage oder ein eingeführtes Ergebnis erwartet werden. Doch hofft der Verfasser, daß hiermit ein erster Schritt zum gesteckten Ziele getan sei.

Gern geübtem Brauche folgend sei an dieser Stelle noch besonderer Dank ausgesprochen Herrn Prof. Dr. A. Walther, Direktor des Instituts für Praktische Mathematik der Technischen Hochschule Darmstadt, für die Förderung, die den Arbeiten auch unter schwierigen äußeren Umständen zuteil wurde, Herrn Prof. Dr. Brill, Eduard-Zintl-Institut für anorganische und physikalische Chemie der Technischen Hochschule Darmstadt, für seine Anregung, dieses für die wissenschaftliche Praxis wichtige Aufgabengebiet zu behandeln, der damit ein noch unbeachtetes Gebiet der Anwendung mathematischer Instrumente erschloß, sowie den Herren Doz. Dr. Witte für kristallanalytische und Doz. Dr. Sinogowitz † für mathematische spezielle Unterweisungen.

Verfahren und Geräte zur mehrdimensionalen Fouriersynthese

01 Einleitung, physikalischer Teil

Die nötigen Daten über die Feinstruktur eines Kristalls erhält der experimentierende Physiker, indem er den Kristall mit Röntgenstrahlen durchsetzt. Wegen der regelmäßigen Anordnung der Moleküle wirkt ein Kristall auf die Röntgenstrahlung ähnlich wie ein Beugungsgitter auf sichtbares Licht. Die Beugung wird durch die Elektronen des Kristalls bzw. durch ihre Abstände gesteuert; da die Elektronendichte in der Nähe der Atomkerne am größten ist, ist auch dort das Streuvermögen am größten. Jede einzelne mit solchen Streuzentren belegte Schicht eines Kristalls, eine Gitterebene, scheint danach einen auftreffenden Röntgenstrahl zu reflektieren; von den Reflexstrahlen bleiben jedoch nur solche erhalten, die sich nicht wegen ungleicher Phase mehr oder weniger gegenseitig auslöschen (Abb. 1). Aus den Messungen über Winkellage

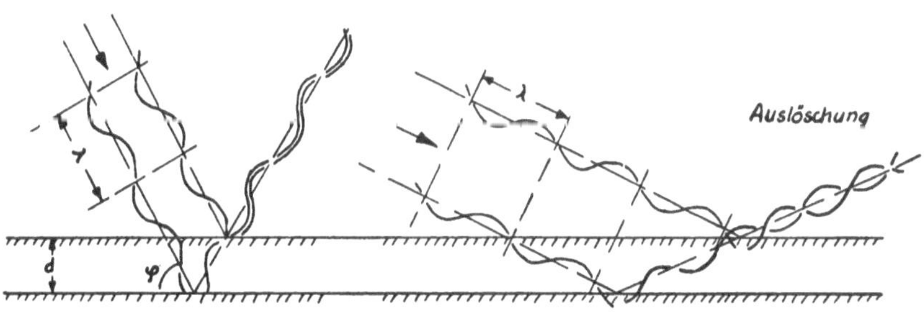

Abb. 1. Reflexion und Auslöschung durch Interferenz der reflektierten Röntgenstrahlen der Wellenlänge λ bei verschiedenen Reflexionswinkeln an zwei parallelen Gitterebenen des Abstandes d. Keine Auslöschung nur bei „Braggscher Bedingung":

(1) $$n\lambda = 2d \sin\varphi \quad \text{mit } \varphi = \text{„Glanzwinkel"}.$$

und Intensität der restlichen reflektierten Strahlen läßt sich daher eindeutig auf die Lage der Gitterebenen und die Verteilung der streuenden Elektronen schließen, falls wenigstens gewisse Symmetriebedingungen der Raumgruppen des Kristalls erfüllt sind. Wegen der Periodizität des Kristallaufbaus führen die Meßergebnisse zu Fourierkoeffizienten, die sinngemäß durch Indizes gekennzeichnet werden. Umgekehrt kann durch Fouriersynthese an Hand dieser Koeffizienten der räumlich-periodische Kristallaufbau wiedergegeben werden.

Für genaueren Aufschluß an Stelle dieser kurzen Erklärung der physikalischen Grundlagen muß auf die Literatur [9, 12, 40] verwiesen werden[1]).

Das Gefüge eines Kristalls und damit die Elektronendichte ϱ ist eine Funktion der drei Ortskoordinaten x, y, z und wiederholt sich in allen drei Veränderlichen periodisch. Es reicht daher aus, die Elektronendichteverteilung für eine

[1]) Durch Zahlen in eckiger Klammer wird auf das Schrifttumverzeichnis S. 60 verwiesen.

Elementarzelle des Kristalls zu ermitteln. Wählt man deren Abmessungen als Längeneinheiten, so erhält man die Beziehung

$$\varrho(x + n_1,\ y + n_2,\ z + n_3) = \varrho(x,\ y,\ z) \tag{2}$$

mit n_1, n_2, n_3 als beliebigen ganzen Zahlen.

Falls die erwähnten Symmetriebedingungen nicht erfüllt sind, ist die Ermittlung der Fourierkoeffizienten für dreidimensionale Synthese aus den Intensitätsmessungen und die räumliche Synthese nicht möglich. Man muß sich in diesem Fall damit begnügen, nach der Projektion der Elektronendichteverteilung auf eine Ebene, etwa die xy-Ebene, zu fragen. Hierzu reicht zweidimensionale Synthese aus. Das Ergebnis

$$\sigma(x,\ y) = \int_0^1 \sigma(x,\ y,\ z)\, dz \tag{3}$$

läßt sich durch ein Höhenschichtlinienbild zeichnerisch darstellen (Abb. 2 und 3).

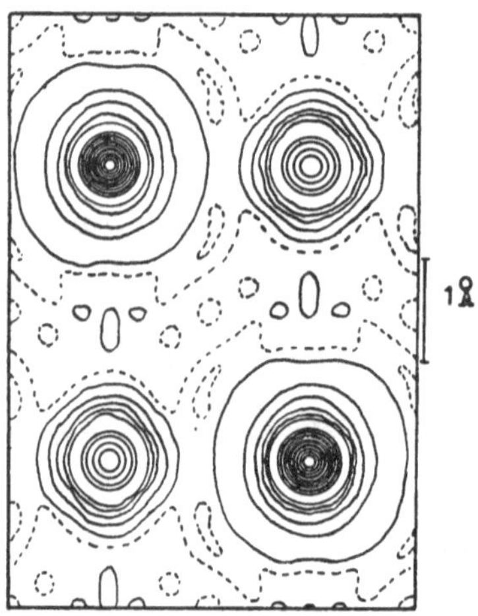

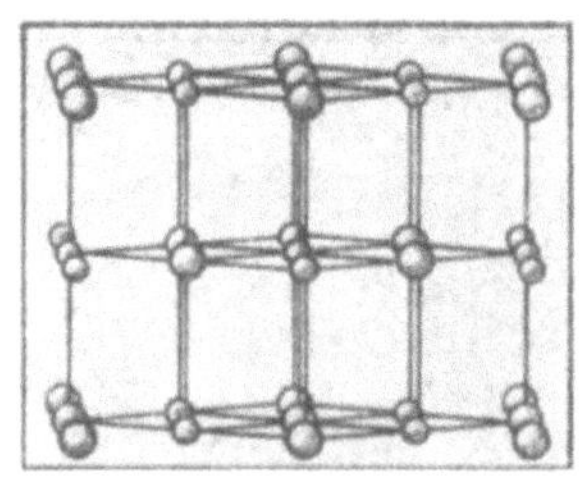

Abb. 2. Schichtlinienbild der Elektronendichteverteilung bei Steinsalz[2]). Links: Projektion der Elektronendichte des NaCl-Gitters. Rechts: Das Gitter selbst in üblicher Darstellungsweise, und zwar in Projektionsrichtung gesehen.

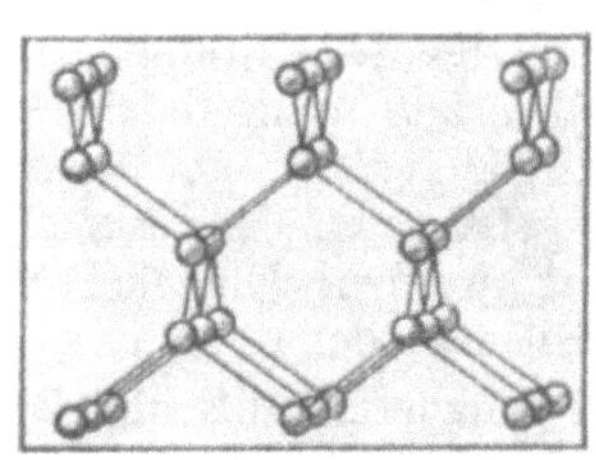

Abb. 3. Schichtlinienbild der Elektronendichteverteilung des Diamants[2]). Links: Projektion der Elektronendichte im Diamantgitter. Rechts: Das Gitter.

---

[2]) Entnommen aus [10].

Die notwendigen Symmetrieeigenschaften bedingen, daß für dreidimensionale Synthese

$$\varrho(-x, -y, -z) = \varrho(x, y, z), \tag{4}$$

für zweidimensionale Synthese

$$\sigma(-x, -y) = \sigma(x, y) \text{ ist}, \tag{5}$$

d. h., daß der Kristall zentrische Inversion bzw. Zweierdrehung oder -schraubung gestatten muß. Für die mathematische Seite des Problems bedeutet die Gültigkeit der Gleichungen (4) und (5) eine fühlbare Erleichterung.

Es wird noch darauf hingewiesen, daß die Synthese im folgenden nur so weit behandelt wird, wie sie ein mathematisches Problem ist. Welche physikalischen Vorbedingungen für die Koeffizienten aus kristalltheoretischen Gründen bestehen und wie sie aus den Messungen gewonnen werden, wird nur dann erwähnt, wenn dies auf das Rechenverfahren Einfluß hat. Auch die Weiterbehandlung des Syntheseergebnisses, die zum Elektronendichtewert führt, also z.B. eine anschließende Division durch das halbe Atomvolumen, ist den strukturchemisch Unterrichteten vorbehalten.

02 Einleitung, mathematischer Teil

Durch die Gleichung

$$f(u) = \sum_{n=0}^{\infty} (a_n \cos \omega n u + b_n \sin \omega n u), \tag{6}$$

worin ω, a_n, b_n ($n = 0, 1, 2, \ldots$) Konstante sind, wird eine Funktion $f(u)$ von der Periode $2\pi/\omega$ definiert, wenn die rechtsstehende sog. Fouriersche Reihe konvergiert. Setzt man

$$u = \frac{2\pi}{\omega} v, \tag{7}$$

so entsteht aus (6)

$$g(v) = \sum_{n=0}^{\infty} (a_n \cos 2\pi n v + b_n \sin 2\pi n v) \tag{8}$$

mit der Periode 1. Wegen $\sin 2\pi 0 v = 0$ und $\cos 2\pi 0 v = 1$ spielt das Glied mit b_0 keine Rolle: man kann $b_0 = 0$ setzen; und a_0 erscheint, unabhängig von v, immer mit dem Faktor 1. Es gilt

$$a_0 = \int_0^1 g(v)\, dv = \int_0^{\frac{2\pi}{\omega}} f(u)\, du; \tag{9}$$

a_0 gibt den Mittelwert der Funktion $g(v)$ über die Periodenlänge an.

Die Gewinnung der Funktion $g(v)$ aus gegebenen Größen a_n, b_n ($n = 0, 1, \ldots$) heißt Fouriersynthese. Die Synthese ist hier eindimensional, weil g nur von einer Veränderlichen, nämlich v, abhängt.

Ein Beispiel für die Zusammensetzung einiger trigonometrischer Summanden zu einer Funktion $g(v)$ zeigt Abb. 4. Dabei ist v als Zeit gedeutet; jeder der Summanden $a_n \cos 2\pi nv + b_n \sin 2\pi nv$ liefert einen rein sinusförmigen Beitrag, eine „Teilschwingung", deren Periode in rationalem Verhältnis[3]) steht zu den anderen Teilschwingungsperioden, die aber nun mit einer gegenseitigen Phasenverschiebung beginnen. Es ist nämlich

$$a_n \cos 2\pi nv + b_n \sin 2\pi nv = c_n \sin(2\pi nv + \varphi_n), \tag{10}$$

worin $c_n = \sqrt{a_n^2 + b_n^2}$ und $\operatorname{tg} \varphi_n = \dfrac{b_n}{a_n}$.

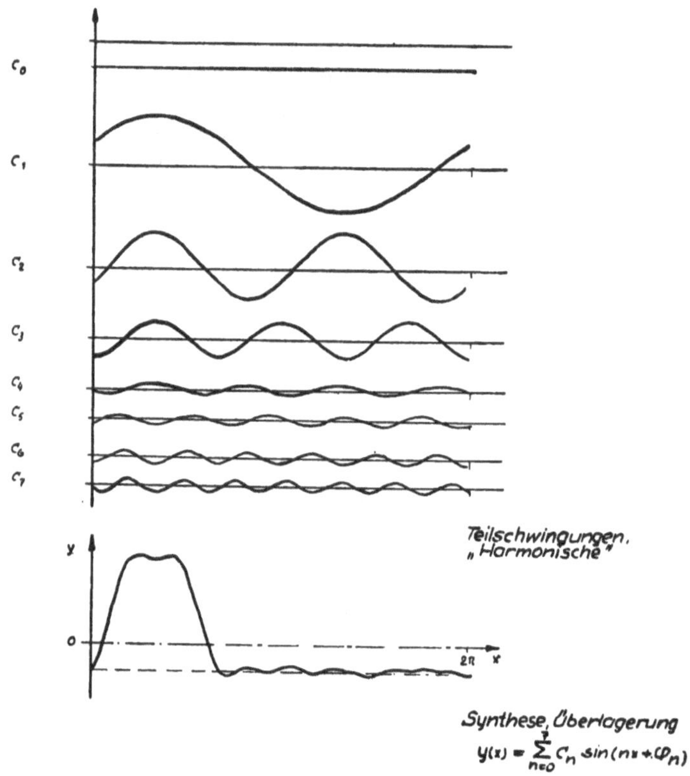

Abb. 4. Harmonische Synthese von sieben Teilschwingungen zu einer Überlagerungskurve.

Bei der praktischen Fouriersynthese werden nur endlich viele Reihenglieder berücksichtigt; man setzt $a_n = b_n = 0$ für alle n oberhalb einer gewissen endlichen Schranke.

---

[3]) Es sei bemerkt, daß bei der Auswertung von Elektronenbeugungsdiagrammen auch eindimensionale Synthese von Sinusfunktionssummanden vorkommt, deren Periodenlängen in nicht rationalem, beliebigem Verhältnis stehen. Davon sei aber in diesem Bericht niemals mehr die Rede.

Bei allen Überlegungen über die Durchführung der Synthese sind vier grundsätzlich verschiedene Möglichkeiten auseinanderzuhalten:

1. $g(v)$ wird nur für eine endliche Anzahl verschiedener v-Werte („Stützstellen"), die sich gleichabständig über die Länge der Periode verteilen, berechnet oder durch ein Gerät geliefert, und es ist Aufgabe des Praktikers, eine stetige Funktion durch diese diskreten Funktionswerte zu legen und sie als $g(v)$ zu erklären.

2. $g(v)$ wird durch eine geeignete Vorrichtung unmittelbar als Kurve über v gebildet aufgezeichnet; dieses „kontinuierliche" Verfahren liefert eine stetige Funktion $g(v)$.

In beiden Fällen gibt es zwei Aufbaurichtungen für die Synthese:

a) Einerseits kann das Ergebnis – ob stetige Kurve oder Punktreihe – für wachsendes x nach und nach, aber für sämtliche Summanden gleichzeitig gebildet werden, „waagrechte Arbeitsrichtung". Das erfordert für jede Stützstelle sämtliche Koeffizienten als Faktoren, aber nur jeweils eine Winkelfaktorschablone, die aber nicht sinusförmig ist, sondern mit wachsender Ordnungszahl abnehmende Periodenteilung aufweist. Beim Übergang zur nächsten Stützstelle ändert sich lediglich die Phasenlage.

b) Andererseits kann die Synthese für sämtliche Abszissenwerte – ob kontinuierliche oder diskrete – auf einmal, aber in bezug auf die Summanden nach und nach geschehen, indem immer eine Sinuslinie rechter Amplitude und rechter Periodenlänge nach der anderen übereinander gelagert wird, „senkrechte Arbeitsrichtung"; es entsteht eine sich stets verbessernde Annäherung an das Syntheseergebnis. Hierbei braucht nur jeweils ein Koeffizient als Faktor vorhanden zu sein, aber sämtliche zu dem betreffenden Abszissenwert gehörenden Winkelfaktoren, etwa in Gestalt von sinusförmigen Schablonen in der Ordnungszahl entsprechender Anzahl, die sich voneinander durch ihre abnehmende Periodenlänge unterscheiden[4]) (Abb. 4).

Beides kann verbunden sein; in den normalen mechanischen Überlagerern z. B. wird zwar die Synthese mit sämtlichen Summanden und Koeffizienten über laufendes x, also nach a), durchgeführt, aber es sind doch sämtliche Sinusschablonen als Kurbelschleifen vorhanden.

Bei numerischen Verfahren sind diese verschiedenen Arbeitsrichtungen besonders gut auseinanderzuhalten, da sich danach der Aufbau der Steuerung, der Schablonen usw. richtet.

Für jeden dieser Fälle wird im Abschnitt 1 über Ansätze zu gerätemäßiger Synthese berichtet.

---

[4]) Die harmonische Analyse geschieht stets in „senkrechter Arbeitsrichtung", indem eine Harmonische bestimmter Periodenlänge nach der anderen in ihrer Amplitudenlänge bestimmt und vielleicht sogar wirklich von der Funktion abgezogen wird, bis die Nullachse möglichst gut und glatt erreicht wird. Daher ist beim Einfühlen in die Aufgabenstellung der Synthese die „waagrechte Arbeitsrichtung" weniger einleuchtend.

Die zwei- bzw. dreidimensionale Fouriersynthese beruht auf der Gleichung

$$(11)\qquad f(x, y) = \sum_{h=0}^{\infty} \sum_{k=0}^{\infty} \left[a_{hk} \cos 2\pi (hx + ky) + b_{hk} \sin 2\pi (hx + ky) \right]$$

bzw.

$$(12)\ f(x, y, z) = \sum_{h=0}^{\infty} \sum_{k=0}^{\infty} \sum_{l=0}^{\infty} \left[a_{hkl} \cos 2\pi (hx + ky + lz) + \right. \\ \left. + b_{hkl} \sin 2\pi (hx + ky + lz) \right].$$

Die Perioden längs der Achsen sind hierin schon gleich 1 normiert (die Transformation (7) ist also schon geschehen).

Auch hier kann man Veranschaulichung versuchen. Bei der zweidimensionalen Synthese läßt sich ein einzelner Summand $a_{hk} \cos 2\pi (hx + ky) + + b_{hk} \sin 2\pi (hx + ky)$ als Wellfläche („Wellblech") über einer xy-Ebene auffassen. Die Größen h bzw. k geben die Periode der Flächenwellen in Richtung der x- bzw. y-Achse an. Vgl. hierzu Abb. 5, wo reine Cosinuswellflächen gezeichnet sind, und Abb. 6, welche das Vorzeichen des Cosinus für positive h und k zeigt. Als Summe $f(x, y)$ mehrerer übereinandergelegter und aufeinandergeschobener Wellflächen entsteht eine in zwei Richtungen periodisch hügelige Fläche, die einem gebuckelten Eierversandkarton oder einem Pralinenpapier ähnelt. Bei Annäherung der Synthesefläche durch numerisch berechnete Werte für $f(x, y)$ erhält man ein „Stützstellennetz oder -gitter", über dessen Ordinaten die stetige Fläche ausgebreitet zu denken ist. Von Vorteil ist auch eine Höhenschichtliniendarstellung, bei der ein Kartenbild der Ergebnisfläche entsteht.

Zur Veranschaulichung der Gleichung (12) reicht dreidimensionale Darstellung nicht mehr aus. Man wird sich die Größe

$$(13)\qquad t_{hkl} = a_{hkl} \cos 2\pi (hx + ky + lz) + b_{hkl} \sin 2\pi (hx + ky + lz)$$

etwa als Temperatur anschaulich machen, die von Raumpunkt zu Raumpunkt wechselt. Übrigens wird die bloße Veranschaulichung zur Vorstellung der tatsächlichen physikalischen Verhältnisse, wenn man „warm" als Elektronenüberschuß und „kalt" als Elektronenmangel auffaßt. Längs gewisser paralleler Ebenen ist t_{hkl} konstant; die Ebenen mit $t_{hkl} = 0$ liegen gleichabständig und trennen „warme" Raumscheiben von „kalten". Auch die Ebenen mit extrem hoher und niedriger Temperatur liegen gleichabständig. Der Übergang von „warm" zu „kalt" ist stetig, und zwar sinusförmig. Abb. 7 möge einige solcher Summanden darstellen. Dabei bedeuten die Zahlen h, k, l wieder die Anzahlen von Perioden, die innerhalb einer Einheit der Achsen x, y, z liegen. Die „resultierende Periodenlänge" in der scheinbaren „Fortschreitungsrichtung" der sich in Wirklichkeit nicht bewegenden Raumwellen – sie ist gleich $\frac{1}{\sqrt{h^2+k^2+l^2}}$ – ist ohne Belang.

Eine vollkontinuierliche Synthese würde aus den mühsam gemessenen Strukturfaktoren nur wieder ein raumerfüllendes und daher nicht oder schwer erkennbares Gitter als Ergebnis haben. Daher – und wegen der umfangreichen Rechnung – ist es berechtigt, sich hier auf die Berechnung der Ordinatenwerte – kontinuierlich oder an diskreten Stellen – von Schnittlinien oder -ebenen zu beschränken.

Jedesmal handelt es sich bei der Synthese darum, eine große Anzahl von Produkten zu addieren, also

$$\sigma = \Sigma F_\nu \Phi_\nu \tag{14}$$

zu bilden, worin die Fourierkoeffizienten F_ν aus den gemessenen „Strukturfaktoren" für jeden Versuch gegeben sind, also von Raumpunkt zu Raumpunkt fest bleiben, und worin die Φ_ν Phasenfaktoren bezeichnen, die sich als trigonometrische Funktionen schreiben und auch mechanisch unschwer herstellen lassen.

Bei der eindimensionalen Synthese ist Φ_ν unkompliziert; anders bei der zwei- und dreidimensionalen. Eine Winkelfunktion, wie sie in den Gleichungen (11) und (12) vorkommt, kann goniometrisch noch umgeformt werden gemäß $\cos(\alpha + \beta) = \cos\alpha\cos\beta - \sin\alpha\sin\beta$ und den analogen Formeln für den Sinus und für dreifache Summen. Diese Umformungen lohnen sich mitunter, obgleich die Anzahl der Produkte sich verdoppelt bzw. vervielfacht und die Phasenfaktoren Φ_ν in zwei bzw. drei Winkelfaktoren zerfallen. (Vgl. hierzu Abschnitt 211a.)

Da sich Kristalle ohne Symmetriezentren bzw. zweizählige Achsen zur Zeit noch nicht röntgenographisch erforschen

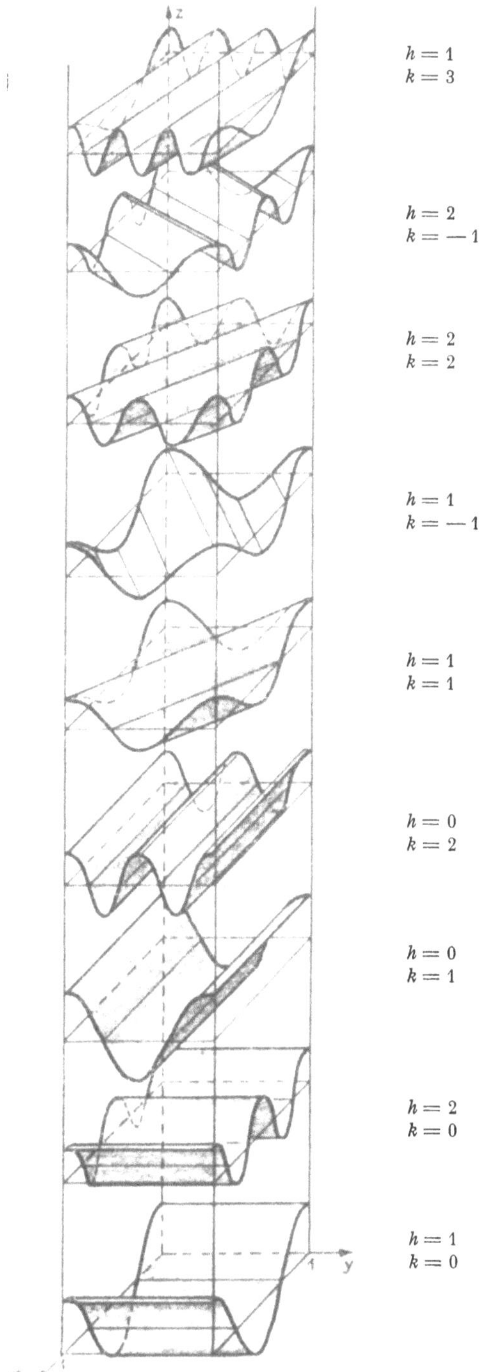

Abb. 5. Darstellung einiger reiner Cosinuswellflächen.

lassen, ist in den erforschbaren Kristallen die Elektronendichte eine gerade Funktion bezüglich jeder durch ein Symmetriezentrum bzw. eine Symmetrieachse gelegten Koordinatenachse. In Formeln heißt dies

$$f(-x, -y) = f(x, y) \quad \text{bzw.} \quad f(-x, -y, -z) = f(x, y, z) \,. \tag{15}$$

Aus diesem Grunde entfallen bei der kristallographischen Synthese die Sinusterme der Gleichungen (11) und (12).

Dieser wesentlichen Vereinfachung steht als geringfügige Erschwerung gegenüber, daß die Summationsbuchstaben auch mit negativen Vorzeichen auftreten.

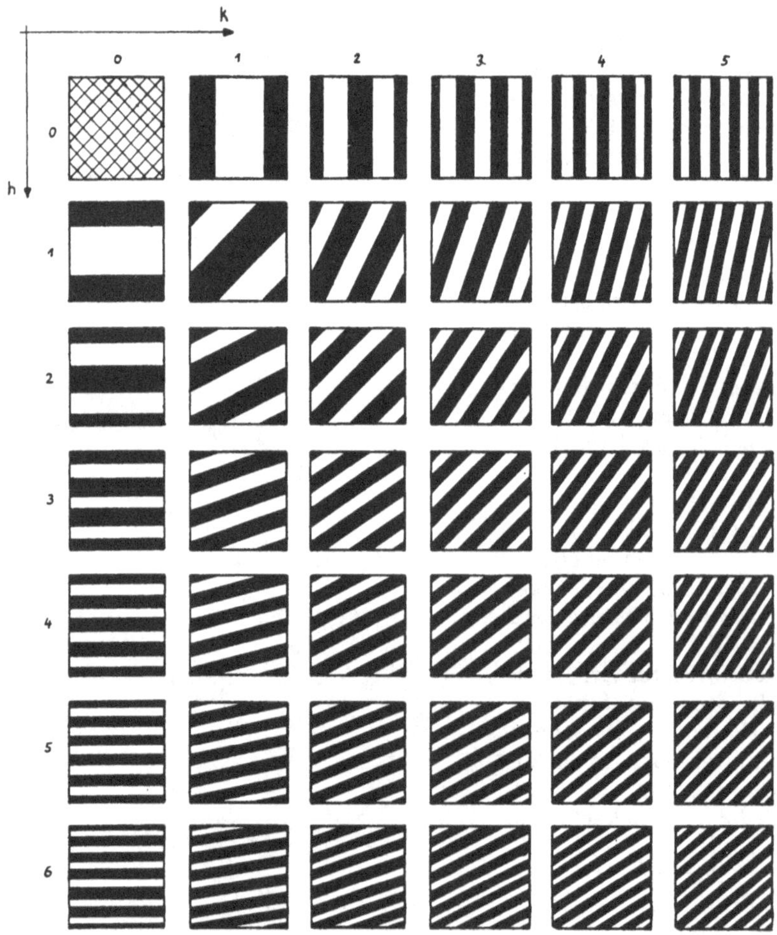

Abb. 6. Vereinfachte Darstellung der Wellflächen

$f(x, y) = a_{hk} \cos 2\pi (hx + ky)$

für $h = 0 \ldots 6$ und $k = 0 \ldots 5$

durch Kennzeichnung des Vorzeichens: + schwarz, — weiß.

Dies sind die Teilwellflächen („Harmonischen") der zweidimensionalen Synthese, gleichzeitig die unteren und oberen Deckschichten der räumlichen Wellen (Abb. 7) für $z = 0$ und $z = 1$ (vgl. Abb. 33).

Abb. 7. Darstellung einiger Summanden $a_{hkl} \cos 2\pi\,(hx + ky + lz)$ der dreidimensionalen Fouriersynthese durch Schichten des Maximalbetrages $+\,a_{hkl}$ innerhalb der Einheitszelle.

Man hat also

$$(11^*)\qquad \sigma(x, y) = \sum_{h=-\infty}^{\infty} \sum_{k=-\infty}^{\infty} C_{hk} \cos 2\pi (hx + ky)$$

im zweidimensionalen Fall und

$$(12^*)\qquad \varrho(x, y, z) = \sum_{h=-\infty}^{\infty} \sum_{k=-\infty}^{\infty} \sum_{l=-\infty}^{\infty} F_{hkl} \cos 2\pi (hx + ky + lz)$$

im dreidimensionalen. Statt a_{hk} ist C_{hk}, statt a_{hkl} ist F_{hkl} geschrieben worden, und auf der linken Seite sind σ und ϱ entsprechend Gleichung (3), S. 2, an Stelle von f gesetzt; die hiermit eingeführte Bezeichnungsweise wird im folgenden beibehalten.

Als Summationsgrenzen sind $-\infty$ und $+\infty$ genommen; da ohnehin nur endlich viele Fourierkoeffizienten $\neq 0$ gegeben sind, bedeutet dies bloß eine Vereinfachung der Schreibweise.

Angemerkt sei noch, daß in der kristallographischen Literatur das Minuszeichen bei negativen Koordinaten oder Indizes über das betreffende Symbol gesetzt zu werden pflegt. $\bar{1}$ bedeutet also -1, $(0 2 \bar{5})$ die Ebene mit der Gleichung $2y - 5z = 1$.

Für die zweidimensionale Synthese gilt stets

$$(16)\qquad C_{\bar{h}\bar{k}} = C_{hk},$$

für die dreidimensionale entsprechend

$$(17)\qquad F_{\bar{h}\bar{k}\bar{l}} = F_{hkl}.$$

Da, wie bereits gesagt, keine Sinusterme vorkommen und $\cos(2\pi - \alpha) = \cos\alpha$ ist, hätte zahlenmäßige Unterscheidung zwischen $C_{\bar{h}\bar{k}}$ und C_{hk} bzw. $F_{\bar{h}\bar{k}\bar{l}}$ und F_{hkl} keinen Sinn.

Beachtenswerte Sonderfälle liegen für die zweidimensionale Synthese vor, wenn

$$(18)\qquad C_{h\bar{k}} = C_{hk}$$

und damit auch $C_{\bar{h}\bar{k}} = C_{\bar{h}k} = C_{h\bar{k}} = C_{hk}$, oder wenn

$$(19)\qquad C_{hk} = 0 \text{ für ungerades } (h + k).$$

(Die Beziehung (19) sagt also, daß alle C_{hk} verschwinden, bei denen einer der Indizes gerade und der andere ungerade ist.)

Es folgt nun ein Abschnitt über die geforderte Genauigkeit bei der Synthese und über die Folgerungen für die Gestaltung von Geräten; dann werden zunächst gerätemäßige Möglichkeiten für die eindimensionale Synthese behandelt. Erst danach wird die mehrdimensionale Synthese in den Kreis der Betrachtungen gezogen, wobei einige weitere mathematische Überlegungen und Umformungen nicht vermieden werden können.

03 Genauigkeitsanforderungen

Bei der Strukturbestimmung von Kristallen handelt es sich um eine Synthese mit maximal etwa 20 · 20 · 14 meßbaren Fourierkoeffizienten (von denen meistens nicht alle vorkommen), deren Größe aus den Intensitätsmessungen als Strukturfaktoren bestimmt ist. Bei der Berechnung eines Feldes von einzelnen Dichtewerten ist als Schrittweite in zwei der drei Raumrichtungen $^1/_{48}$, oft $^1/_{72}$ einer Periode und auch noch weniger, in der dritten $^1/_{12}$ oder $^1/_{24}$ vorzusehen. Die verlangte Genauigkeit ist recht hoch. Das Verhältnis gemessener Amplituden kann bis zu 3000:1 und 4000:1 gehen. Die Meßergebnisse selbst hingegen sind bei größeren Amplituden und niederen Harmonischen auf nur etwa 10% genau gegeben. Sie werden von seiten des Experimentators üblicherweise (so geschah es in den bisher durchgerechneten konkreten Beispielen) mit dem Rechenschieber errechnet und durch zeichnerische Interpolation an einer Kurve geglättet. Wenn auch die höheren Harmonischen zum Teil unter der Fehlergrenze der niederen liegen, können sie doch einen merklichen Anteil an der Feinstruktur des Syntheseergebnisses liefern und dürfen daher nicht ohne weiteres vernachlässigt werden. Andererseits ist zu beachten, daß auch die bei der Synthese von scharf abbrechenden rechteckförmigen Funktionen an den Sprungstellen auftretende Gibbs-Erscheinung die nächste Umgebung der Sprungstelle um so stärker entstellt, je mehr Glieder überlagert werden. Es ist also abzuwägen oder zu probieren, ob die Mitnahme höherer Harmonischer oder – um die „Gibbs-Türmchen" zu unterdrücken – ihre Vernachlässigung durch Einführung eines „Temperaturfaktors", wie in der Literatur angegeben ist, zu besseren Ergebnissen führt.

Eine Einstell- und Arbeitsgenauigkeit der Synthese von etwa 5‰ vom Größtwert ist nach allem als angemessen anzusehen; das bedeutet numerische Rechnung auf 4 Stellen. Dabei treten mit Sicherheit die Überlagerungsfehler gegen die Meßfehler zurück. Gerätemäßig ist nur mit überaus großem Aufwand und nur mit mechanisch arbeitenden Maschinen eine Genauigkeit von 5‰ zu erreichen; eine Arbeitsgenauigkeit von 1—2% ist im allgemeinen als recht gut anzusehen. Überlagerungsgeräte eignen sich daher nur zur schnellen Gewinnung von Überblicksbildern über das Ergebnis, sind allerdings hierfür nicht zu übertreffen. Genauer zu berechnende Werte sind numerisch zu bestimmen. Bei der derzeitigen Entwicklungstendenz für mathematische Großgeräte, welche die numerisch arbeitenden Universal-Rechenautomaten [41] gegenüber den speziell auf ein Problem zugeschnittenen Analogie- oder Nachbildungsgeräten bevorzugt, dürfte es von Vorteil sein, wenn der wachsende Bedarf an der Berechnung von mehrdimensionalen Fouriersynthesen einen erneuten Anstoß zur Erstellung von Rechenautomaten darstellt.

1 Eindimensionale Synthese

Wenn ein Lösungsweg für mehrdimensionale Synthese entwickelt werden soll, so liegt es nahe, zuerst die für eindimensionale Synthese vorhandenen Möglichkeiten genauer zu betrachten. Auf die bekannten, rein rechnerischen Vorgehensweisen für die eindimensionale Synthese wird in diesem Bericht nicht näher eingegangen. Sie lehnen sich eng an die für die harmonische Analyse an; die meisten der hierfür veröffentlichten Rechenblätter, Vordrucke oder Tabellen [15, 31, 36] lassen sich ohne weiteres auch rückwärts für die Synthese benutzen. Man erhält dann nach jeder Durchrechnung einen Synthesewert für einen bestimmten Wert der unabhängigen Veränderlichen innerhalb der Periode oder um ganzzahlige Periodenvielfache dagegen verschoben. Dagegen wird an Hand der für eindimensionale Synthese bekannten Verfahren im folgenden ein Überblick über die Möglichkeiten der gerätemäßigen Produktsummation gegeben, um später mit den hier erläuterten Grundprinzipien weiterbauen zu können. Einige dieser Verfahren sind für die Analyse und Periodenuntersuchung [30] vorgeschlagen, aber auch dafür noch nicht in breiterem Maße eingesetzt.

Bei der gerätemäßigen Synthese muß man, wie schon erwähnt, unterscheiden, ob das Ergebnis für kontinuierlich variierte Veränderliche in Kurvenform oder nur für einzelne diskrete Abszissenwerte, ,,Stützstellen", und für Ketten solcher Stützstellen gewonnen werden soll.

Numerische Verfahren, die rein rechnerischen ebenso wie die mit Hilfe von Rechenmaschinen durchgeführten, können nur zu diskreten Ergebniswerten führen; auch einige Geräteverfahren liefern diskrete Syntheseergebnisse. Den numerischen Verfahren ist der Vorteil gemeinsam, daß die Ergebniszahlen mit vielen Stellen genau berechnet werden können, wenn die dazu nötige Zeit aufgewendet wird.

Im Gegensatz dazu liefern die kontinuierlich arbeitenden Geräte, die ,,Überlagerer" jeder Form, ein Bild der Ergebnisfunktion; zwar weniger genau, aber anschaulich und meistens in kürzester Zeit. Näheres bringt Abschnitt 12.

Die Vorteile beider Verfahren lassen sich verbinden, wenn man sich erst ein Überblicksbild über das Ergebnis verschafft und dann einzelne besonders wichtige Stellen nach numerischen Verfahren genauer berechnet.

11 Berechnung an einer einzelnen Stützstelle oder längs einer Stützstellenkette

Ein Verfahren, das unmittelbar, wenn auch mit wesentlich technischer Hilfe (also nicht allein durch reine Rechnung), einen Zahlenwert liefert, sei ,,numerisch" genannt. Bei ,,instrumentellen" Verfahren wird eine physikalische Größe – z. B. eine Länge oder eine Schwärzung – hergestellt, die dann gemessen und ausgewertet werden muß.

111 Numerische Verfahren

1111 Verwendung von Rechenmaschinen

Zur Berechnung des Synthesewertes für eine einzelne x-Stelle muß man die gegebenen Koeffizienten mit den zugehörigen Winkelfaktoren multiplizieren und in der Rechenmaschine die Produkte auflaufen lassen. Für alle Werte der unabhängigen Veränderlichen sind die Koeffizienten gleich; zur gleichzeitigen Berechnung mehrerer Stützstellen kann man sie also mit mehreren Einzelfaktoren multiplizieren. Das führt zur „senkrechten Arbeitsrichtung".

Dazu ist eine der Stützstellenanzahl gleiche Anzahl von einfachen Handrechenmaschinen gemeinsam von einer Hauptwelle aus anzutreiben, und ihre Schlitten sind gemeinsam zu verschieben. Sie erhalten ins Einstellwerk – etwa durch Schablonen oder Matrizen[5]) – die Cosinusordinaten[6]) dem Winkelschritt entsprechend eingestellt. Dabei sind an Cosinusmatrizen nur ein Viertel der Stützstellenanzahl notwendig, wenn die Vorzeichen durch Drehrichtungsumkehr der Multiplikation an jeder Maschine hergestellt werden. Zur sicheren Einstellung der richtigen Zahlen in die Maschinen müßte ein Schema (Verteilerplan) befolgt werden. Mit der Hauptwelle wird dann in alle Maschinen gemeinsam für jeden Schritt eine Amplitude einmultipliziert, was etwa von Hand, über eine halbautomatische Rechenmaschine oder mit gesteuertem Sondermotor und Schlittenverschiebung geschehen kann. Die Einzelergebnisse summieren sich im Resultatwerk jeder Maschine und müssen am Schluß abgeschrieben werden. Dieses Verfahren erfordert mehrere einfache Rechenmaschinen und einige Schablonen sowie recht einfache Koppel- und Steuervorrichtungen und wegen des einmaligen Durchlaufs nur kurze Zeit[7]), aber Bedienung durch eine sorgfältige Kraft.

Die Cosinuswerte können auch ein für allemal in eine Schaltwalze (Spieldosenart) mit sinngemäß angeordneten Kontakten eingebracht werden, so daß von ihr aus über Relais und Magnete die Ziffern der Einstellfelder angeschlagen werden, was besonders einfach bei Maschinen mit Zehnertastatur, z. B. der Fazitmaschine[8]) oder der Fakturiermaschine[9]) geschehen kann. Auf der Kontaktwalze kann gleichzeitig das Vorzeichen vermerkt sein und auch der Verteilerplan für die Kontakte. Eine ähnliche Schaltung von Volltastaturmaschinen ist etwas umständlicher.

---

[5]) Brunsviga, Maschinenwerke Grimme, Natalis & Co. AG., Braunschweig, stellt solche Matrizen zum gleichzeitigen Einstellen von mehreren Ziffern für die Brunsviga-Doppelrechenmaschine her.

[6]) Hier und im ganzen Bericht durchgehend ist von Cosinus- und nicht von Sinusordinaten die Rede, weil bei der kristallographischen Synthese nur Cosinusfunktionen vorkommen; vgl. Gleichung (15), S. 8.

[7]) Eine solche Verkopplung von vier Rechenwerken (zwei Brunsviga-Doppelrechenmaschinen) wurde im Institut für Praktische Mathematik der Technischen Hochschule Darmstadt nach einem Gedanken von Th. Zech im Rahmen anderer unveröffentlichter Untersuchungen vorgenommen und bewährte sich bei der Berechnung von linearen Gleichungssystemen. Die hierbei immer wiederkehrenden Koeffizienten wurden mittels Matrizen in die Einstellwerke der Maschinen gegeben.

[8]) Fazit, Vertrieb Hans Sabielny, Dresden.

[9]) Rheinmetall-Borsig AG., Sömmerda.

Die Einstellung der Winkelfaktoren kann ferner vorgesehen werden durch Lochstreifen mit elektrischer Kontaktsteuerung nach Art von Geräten, wie sie als Lochstreifensender und Fernschreibmaschine schon entwickelt sind. Notwendig ist auch hier ein Lochstreifen für die Cosinuswerte nebst ihrem Vorzeichen und ein Verteiler zur Wahl der einzustellenden Maschinen. Zu jedem Schritt gehört ein Durchlauf des Cosinusstreifens, ein Schritt des Verteilers und eine Multiplikation (über Fernschreibtechnik vgl. [42]).

Zur Ersparnis an Rechenmaschinen kann die Periodenlänge und damit die Zahl der Stützstellen auch mehrfach unterteilt und der Vorgang entsprechend oft wiederholt werden, wobei nur jedesmal mit einer geringeren Anzahl von Maschinen ein Teil der Cosinusordinaten mit allen Amplituden multipliziert wird; die Arbeit dauert dann länger.

1112 Verwendung von Lochkartenmaschinen

Während die bisher beschriebenen Verfahren Systeme gekoppelter Rechenmaschinen benutzen, kann man auch daran denken, mit nur einer einzigen Maschine die Synthese durchzuführen. Will man nicht zu viel Zeit brauchen, so müssen die beiden Einstellungen und die Multiplikation vollautomatisch ablaufen; hierfür eignen sich die Lochkartenmaschinen[10]), insbesondere der Rechenlocher. Es ist dann notwendig, alle Koeffizienten mit ihren Indizes sowie ein für allemal die Winkelfunktionswerte zu lochen und die Karten – was auf einfache Weise geschehen kann – durch Sortieren stets von neuem einander richtig zuzuordnen. Die Lochkartenmaschinen arbeiten zwar erst bei sehr hohen Kartenmengen wirtschaftlich, bieten dann aber unübertroffen schnell und glatt laufende Lösungswege mit hoher Stellenzahl und darum großer Genauigkeit. – Zur zweidimensionalen Synthese wird ein Verfahren mit Lochkartenmaschinen später (S. 27) umrissen, nachdem ein früher veröffentlichtes Verfahren zur Analyse [35] durch die fortschreitende Entwicklung der Lochkartenmaschinen überholt ist.

1113 Verwendung von Buchungsmaschinen

Multiplizierende Buchungsmaschinen[9]) [11]) eignen sich zur Durchführung numerischer Syntheserechnungen, da sie Produkte bilden und aufsummieren können und in ihrer Arbeitsfolge durch Leit- oder Kommandoleisten selbsttätig nach der Wagenstellung gesteuert werden [17]. Da sie besonders zur Bewältigung großer Zahlenmengen tauglich sind, werden sie mit Vorteil erst für mehrdimensionale Überlagerung eingesetzt. Ein Verfahren der dreidimensionalen Synthese unter Verwendung von Buchungsmaschinen wird später (S. 51) erläutert.

Automatische Steuerungen mit Hilfe von Lochstreifen[12]) oder dergleichen, wie sie für die selbsttätige Synthese mit Rechen- oder Buchungsmaschinen

---

[10]) Deutsche Hollerith-Maschinen-Ges., Berlin.

[11]) Schreibende Mauser-Cordt Vierspezies-Rechenmaschine der Cordt-Universal-Rechenmaschinen-GmbH., Berlin.

[12]) K. Zuse entwarf und baute (1935) ein automatisches Rechengerät mit Lochstreifensteuerung, das sämtliche Rechnungsaufgaben, also auch die mehrdimensionale Synthese, zu bearbeiten vermag, und das als einziges in Deutschland arbeitsfähig ist. Über die umfangreichen Rechenautomaten der USA. vgl. [41].

notwendig sind, lassen sich, wenn erst einmal entwickelt, immer wieder auch für andere Zwecke verwerten und sind daher von großer Bedeutung. Ihre Entwicklung erfordert jedoch einige Konstruktionsarbeit und ziemlichen Aufwand an Schaltgerät, falls nicht die vorhandenen Lochstreifengeber von Fernschreibgeräten verwendet werden[13]).

1114 Verwendung von Meßrollen

Schließlich kann die zahlenmäßige Ausrechnung der Produktsummen an diskreten Stellen durch Meßrollen geschehen; diese Möglichkeit ist besonders für die zweidimensionale Synthese (s. S. 34) ausbaufähig. Eine Planimeterrolle mit Teilung, Ablesenonius und Zählscheibe rollt auf einer Unterlage ab, deren Verschiebung proportional den Koeffizienten a_k ist. Steht die Rolle mit ihrer Laufebene in Richtung der Verschiebung, so zeigt sie einen Meßwert, der unmittelbar a_k entspricht; ist sie dagegen um einen Winkel α_k zwischen Laufebenen- und Verschiebungsrichtung geschwenkt, so multipliziert sich a_k mit dem Faktor $\cos \alpha_k$; vgl. dazu Abb. 8. Diese Teilprodukte werden ohne weiteres addiert, wenn die Rolle mehrere Antriebe unter jeweils anderem Schwenkwinkel ohne zwischenliegende Änderung ihrer Stellung erhält. Die Schwenkachse der Rolle muß dabei genau durch die Auflagestelle gehen[14]).

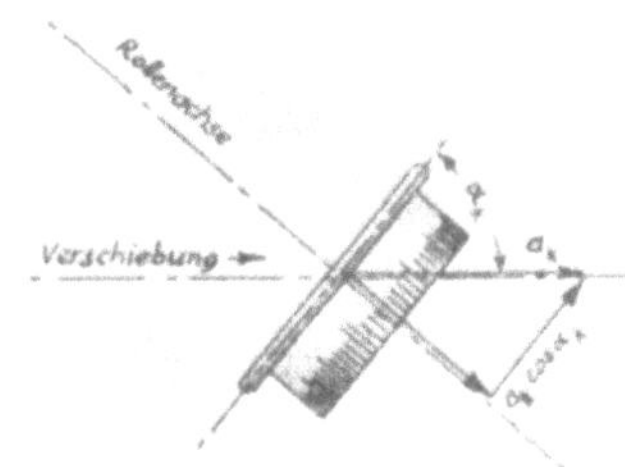

Abb. 8. Meßrolle schräg zur Verschiebungsrichtung der Unterlage.

Werden mehrere Rollen in einer solchen schwenkbaren Anordnung auf eine gemeinsam nach den Koeffizienten, z. B. a_k, bewegte Unterlage (gedrehte Walze oder verschobenes Band) gesetzt und erhalten sie jeweils richtige Schwenkwinkel, so lassen sich die Produktsummen mehrerer Stützstellen einer eindimensionalen Synthese gleichzeitig aufbauen. Jede Meßrolle summiert die Produkte $a_k \cos \alpha_k$ für jeweils eine Stützstelle („senkrechte Arbeitsrichtung").

Eine solche Anordnung von bis zu drei Paaren schwenkbarer Meßrollen – allerdings in etwas anderer Ausführung – stellt der harmonische Analysator Henrici-Coradi dar. Durch geeignete Bedienung kann er zur Berechnung von mehreren Synthesepunkten benutzt werden, deren Lage innerhalb der Periodenlänge durch die Wahl der auswechselbaren Zahnräder und der Anfangsbedingungen ziemlich beliebig einstellbar ist. Es ist dabei mit der Fahrlupe des Analysators ein Treppenzug nachzufahren, dessen Stufenhöhe in y-Richtung proportional den Amplituden (3 cm entsprechen 1 Rollendrehung) und dessen (gleichbleibende) Stufenbreite in x-Richtung proportional dem Schwenkwinkel sind[15]). Zur praktischen Durchführung der Synthese empfiehlt sich jedoch der

---

[13]) Ein solcher Rechenautomat mit Fernschreibgerät-Steuerung und Hollerith-Rechenelementen wurde am Institut für Praktische Mathematik der Technischen Hochschule Darmstadt geplant und entworfen.

[14]) Ähnlich arbeitet der von Lübcke entworfene Analysator [19].

[15]) Je nach Wahl der Übersetzung entsprechen 40 cm, 10 cm oder 4 cm x-Verschiebung einer Schwenkung um 360° an der mit $n = 1$ angetriebenen Rolle.

Analysator schon wegen der geringen Zahl von Meßrollen nicht, die ein mehrmaliges Befahren der Treppenkurve zur Bestimmung von mehr als je 3 Stützstellen erforderlich machen. Auch der harmonische Analysator Mader-Ott kann nach Berger [4] zur Synthese für einen Kurvenpunkt verwendet werden, in der neuen Bauart als Analysatorzug zur Synthese von bis zu 14 Stützstellen.

Ein nach dem Meßrollenprinzip für die Synthese eigens entworfenes Gerät wäre neben Rechenmaschinensteuerungen das einzige, das den numerischen Verfahren in der Genauigkeit (leider auch in der geringen Arbeitsgeschwindigkeit) nahekommt. Denn man kann die Abwälzung von Meßrollen mit Nonius und Zählscheibe, wie bei Planimetern üblich, auf 4 Stellen ablesen, und die Abwälzung selbst ist bis auf ungefähr 1 Einheit der letzten Stelle genau. Die Verdrehung der gemeinsamen Unterlage proportional den Koeffizienten geschieht vorteilhalft durch einen Elektromotor, dessen Umdrehungsanzahl an einem Voreinstellwerk mit Endkontakt (Einstellzähler)[16]) festgelegt wird. Die Schwenkung der Meßrollen kann jeweils vor Durchlauf eines Koeffizienten nach einem aufgezeichneten Schema von Hand oder besser durch eine Zahnrad-Zahnstangeneinrichtung erfolgen, wobei die Zahnstange, ähnlich dem Staffelwalzenprinzip, mit verschieden vielen Zähnen für jede Meßrolle ausgebildet ist (Abb. 9) und bei jeder Hin- und Herbewegung die zugehörigen Meßwerke von den eingestellten Anfangslagen aus um bestimmte Zahl von Zähnen, d. h. um festgelegte bestimmte Phasenwinkel, verschwenkt. Zur Ausrechnung einer Reihe von Ergebniswerten ist es dann nur nötig, alle vorhandenen a_k nacheinander in den Einstellzähler zu tippen und jedesmal die Motoranlauftaste zu drücken, wodurch gleichzeitig die Schwenkeinrichtung betätigt werden mag. Die Ergebniszahlenwerte erscheinen als Differenz von End- und Anfangsablesung an den Rollenteilungen.

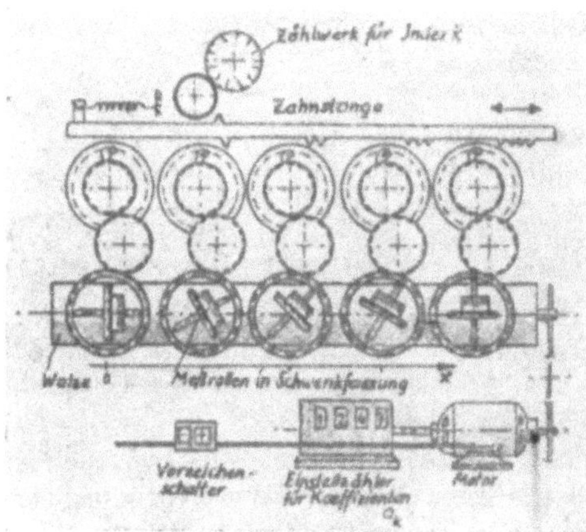

Abb. 9. Meßrollensynthesator.

112 *Instrumentelle Verfahren*

1121 *Waageprinzip*

Die Nachbildung des Produktes Amplitude mal Winkelfaktor durch das Produkt Hebelarm mal Kraft ist in einigen Modellgeräten verwirklicht worden. Das Waageprinzip veranschaulicht sehr klar die Summation der Einzelmomente, hat bisher jedoch kaum praktische Bedeutung erlangt.

---

16) Einstellzähler der Fa. Irion und Vosseler, Schwenningen, und der Fa. Hengstler, Aldingen bei Spaichingen.

Der Synthesator Michelson-Stratton [21] wägt durch eine Federwaage die Summe der Momente, die von 80 einzelnen, durch Exzenter nach Sinusgesetz ausgelenkten Federn hervorgerufen werden. Dieses Gerät gestattet stetiges Aufzeichnen der Ergebniskurve, ist also auch als Überlagerer (s. S. 19) anzusprechen.

Andere Versuche gehen dahin, eine Anzahl auf eine senkrechte [11] oder auch waagrechte Achse [33] aufgereihter Schwenkhebel auszuwägen, auf denen in durch den Koeffizienten bestimmtem radialem Abstand je ein Gewicht befestigt ist und die mit sinusförmigen Kraftkomponenten je nach ihrer Winkelstellung wirken. Für jeden Punkt der Ergebniskurve müssen dabei die gegenseitigen Winkelstellungen der Hebel neu eingestellt werden. Die Genauigkeit der Messung läßt sich wie die jeder Wägung recht hoch treiben; demgegenüber ist die Einstellung von Radius und Winkel weniger genau möglich und mühsam, selbst wenn, wie in [33], Vorrichtungen eigens dazu erdacht werden.

1122 Elektrische Summation

Zur Bildung der Teilprodukte Koeffizient mal Winkelfaktor und deren Summation eignen sich auch etliche elektrische Meßgeräte, nämlich alle Arten von Leistungsmessern oder Zählern. So hat schon Bush in der Frühzeit der Entwicklung von Differentialgleichungsmaschinen Leistungszähler als Integrationsgeräte benutzt, ist aber zugunsten mechanischer Getriebe davon abgegangen, weil die Genauigkeit auch dieser elektrischen Meßgeräte für mathematische Zwecke zu gering ist.

In Frage kommen elektrodynamische Meßwerke, bei denen Strom- und Spannungswerte miteinander multipliziert werden, die aber nicht selbst summieren können, oder besser Wattstundenzähler, die ebenfalls Stromstärke und Spannung multiplizieren, aber auch summieren können, oder auch Amperestundenzähler und Gleichstromzähler mit elektrolytischen Meßverfahren, die Stromstärke und Zeit als Faktoren nehmen.

Bei Verwendung von Wattstundenmeßwerken macht man beispielsweise den Strom in allen Zählern, die in der Anzahl der gleichzeitig zu berechnenden Stützstellenordinaten vorhanden sein müssen, proportional den Koeffizienten und bemißt die Spannungen in den einzelnen Meßwerken proportional den jeweiligen Winkelfaktoren. Da nur eine gewisse Anzahl von Spannungswerten vorkommt, entsprechend der Stützstellenzahl und der Ordnungszahl der höchsten Teilwelle, können diese vorteilhaft ein für allemal bemessen sein; sie werden dann mittels Schaltwalze, Kontaktfeld oder dergleichen Vorrichtung auf die Meßwerke geschaltet.

Benutzt man als Meß- und Integrationswerke elektrolytische Zähler oder Zellen, so sind für die Fouriersynthese so viele Zellen mit dicht nebeneinander stehenden kalibrierten Meßschenkeln wie zu berechnende Stützstellen vorzusehen. Eine sich schrittweise drehende Schaltwalze verbindet die proportional den Winkelfaktoren bemessenen Stromquellen wechselweise mit den Zellen; die Dauer der Elektrolyse wird für alle Zellen gemeinsam durch einen Einstellzähler (eine Schaltuhr) gewählt. Die durch die Flüssigkeitsspiegel in den Meßschenkeln entstehende Treppenkurve gibt ein anschauliches Bild des Syntheseergebnisses. Da die Elektrolyse ein sehr zuverlässiges physikalisches Phänomen ist, erscheint dieses Verfahren durchaus beachtenswert (Abb. 10).

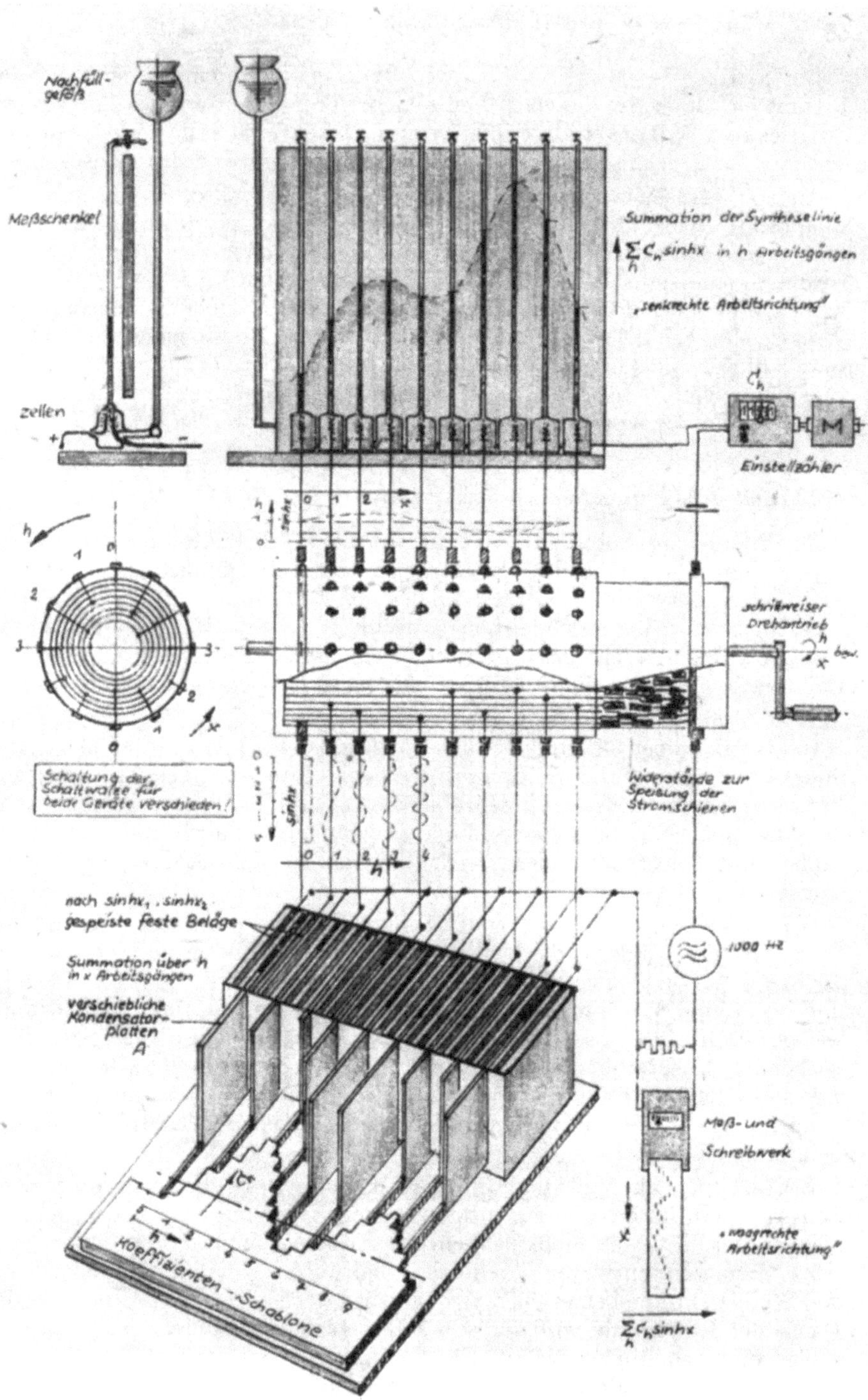

Abb. 10. Die Schaltwalze als Schlüsselelement für numerische Synthesegeräte: Oben mit elektrolytischer Summation, unten mit kapazitiver Produktbildung.

1123 Kapazitives Verfahren

Zur Bildung der Produkte kann man weiterhin an einen Kondensator einerseits die wirksame Plattenfläche proportional dem Koeffizienten, andererseits die angelegte Wechselspannung proportional dem Winkelfaktor bemessen. Der durch den Kondensator fließende Strom ist, notwendigenfalls nach Verstärkung, leicht zu messen und dem Produkt beider Werte proportional.

Zur Synthese einer Stützstelle setzt man mehrere solcher einzeln einstellbarer Kondensatoren nebeneinander, verschiebt einmal zu Beginn ihre beweglichen Platten oder Beläge gemäß den Koeffizienten, stellt den Winkelfunktionswerten entsprechende Spannungen ein und mißt den Strom, der insgesamt durch die zusammengeschlossenen Beläge fließt (Abb. 10). Zur Umstellung auf die Berechnung einer anderen Stützstelle ist lediglich eine andere Winkelfaktorverteilung einzustellen.

12 Kontinuierlich arbeitende Geräte, Überlagerer

Das Kernproblem bei allen kontinuierlich arbeitenden Syntheseverfahren ist die Herstellung der einzelnen Teilschwingungen. Bei den Überlagerern werden sie als mechanische oder elektrische Schwingungen in der richtigen Größe und Frequenz jeweils neu gebildet, während bei der Verwendung der Differentialgleichungsmaschine und beim optischen Verfahren gezeichnete oder sonst gegebene Sinuslinien nur reproduziert werden und die Amplitude aufgeprägt erhalten.

121 Mechanische Überlagerer

Beim Überlagerer bekannter Bauart werden sämtliche Teilschwingungen durch umlaufende Kurbeltriebe oder besser Kurbelschleifen erzeugt (Abb. 11) und die Amplituden durch Einstellung der Kurbelradien berücksichtigt. Die Auslenkungen der einzelnen Sinustriebe werden in bekannter Weise durch Ketten oder Stahlbandflaschenzüge addiert und für laufendes x aufgezeichnet (also nach Fall 2 *a* von S. 5).

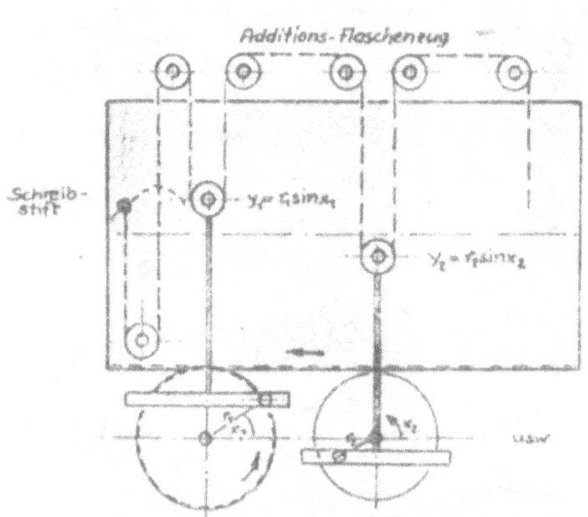

Abb. 11. Kurbelschleife als Sinusgetriebe.

Solche mechanischen Überlagerer wurden bisher in verschiedensten Ausführungen angefertigt, darunter Demonstrationsgeräte [32] für nur wenige Teilschwingungen, aber auch größere Geräte z. B. zur Gezeitenberechnung und sogar solche für bis zu 40 Syntheseglieder [7, 16, 22]. Auch ein kleines Gerät mit Exzenterdarstellung der Teilwellen und optischer Addition der Auslenkungen mittels Lichtstrahl wurde schon gebaut [28].

Um die bei Strukturuntersuchungen geforderte Genauigkeit zu erreichen, müßten Drehzeiger von rund 20 cm Radius vorgesehen werden, an denen die Amplituden der Teilschwingungen auf 0,05 mm genau eingestellt werden können.

Unter der Voraussetzung, daß größere Amplituden nur bei wenigen Teilschwingungen geringerer Frequenz vorkommen, kann man mit kleineren Kurbelradien auskommen, wenn die damit nicht zu erfassenden größeren Amplituden geteilt und in zwei gleichlaufenden Kurbeltrieben gleichzeitig verarbeitet werden. Durch diesen Kunstgriff läßt sich der Flächenbedarf des Überlagerers kleiner halten; trotzdem bekommen mechanische Geräte dieser Bauart reichlich große Abmessungen. Wegen der damit verknüpften großen Trägheitsmomente, insbesondere auch der Umlenkrollen der Additionsseilzüge, ist das Überlagern selbst nur langsam möglich. Auch die schon vorgeschlagene hydraulische Addition macht diese Überlagerer nicht einfacher und kleiner.

122 Elektrische Überlagerer

Geräte zur kontinuierlichen Synthese mit kleineren Abmessungen und höchster Arbeitsgeschwindigkeit lassen sich nur bauen, wenn man zu elektrisch arbeitenden Verfahren übergeht. Hier können die Teilschwingungen als sinusförmige Spannungen verschiedener Amplituden und Frequenzen dargestellt werden; die Überlagerung geschieht durch einfache Addition der Spannungen. Das Ergebnis kann durch schreibende Meßgeräte bei niedriger Arbeitsgeschwindigkeit oder durch Oszillographen bei schneller Synthese sichtbar gemacht werden. Die Teilschwingungen kann man an Drehpotentiometern durch rotierende Bürsten abgreifen lassen [2 (darin Bemerkung Cox), 14]. Besser noch werden sie durch Induktion in umlaufenden Generatorspulen erzeugt. Dieses letzte vom Verfasser entwickelte Verfahren eignet sich besonders für schnelle (auch zweidimensionale) Synthese vieler Glieder; es ist bei der zweidimensionalen Synthese (Abschnitt 233) eingehend geschildert als „Überlagerung mittels Frequenzmodulation". Der eindimensionale Fall läßt sich daraus leicht ableiten.

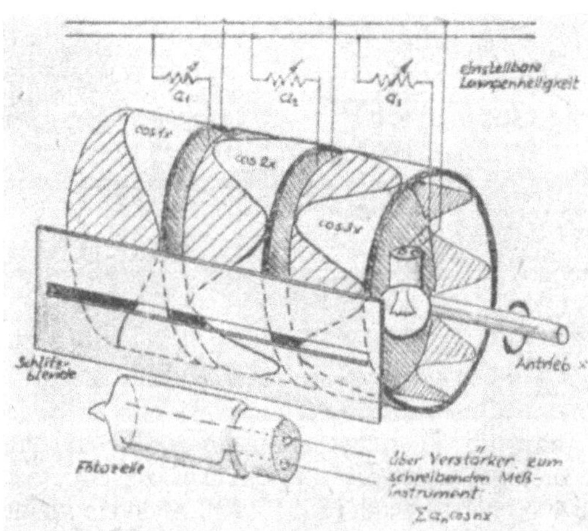

Abb. 12. Schema des lichtelektrischen Überlagerers.

123 Optische Überlagerer

Für harmonische Analyse sind einige optische bzw. lichtelektrische Verfahren vorgeschlagen worden, die umgekehrt auch für die Synthese nutzbar gemacht werden können [3]. Hierzu werden die Teilschwingungen durch Lichtströme veränderter Intensität dargestellt, indem vor Glühlampen mit einstellbarer Helligkeit sinusförmig begrenzte Drehblenden vorbeigeführt werden. Mehrere solcher Teilsysteme beleuchten gleichzeitig eine Photozelle, deren Photostrom der Summe aller Lichtströme proportional ist und somit leicht zum Syntheseergebnis führt (Abb. 12). Ein optisches Gerät wird klein in den Abmessungen und arbeitet wegen der Trägheitslosigkeit des Photoeffektes noch bei sehr hohen Teilfrequenzen. Das Verfahren eignet sich daher besonders (neben dem elektrischen nach 122) zur mehrdimensionalen Synthese; Anordnung und Aufbau werden dann analog dem auf S. 38 beschriebenen.

124 *Verwendung von Differentialgleichungsmaschinen*

Auch die Rechengeräte, die zum Auflösen von Differentialgleichungen vorhanden sind [20, 23, 29, 34], können zur Überlagerung herangezogen werden. Dazu sind mit den Funktionstischen aufgezeichnete Sinus- und Cosinuskurven der Amplitude 1 abzugreifen und ihre Ordinaten in Multiplizier- oder Integriergetrieben mit den Fourierkoeffizienten als konstanten Faktoren zu multiplizieren. Sämtliche Produkte werden in Addiergetrieben summiert und das Ergebnis aufgezeichnet. Durch die bei allen Getrieben vorgesehenen Zahnradübersetzungen lassen sich die Anzahl der abzugreifenden Teilschwingungen verschiedener Frequenzen verringern und unter Umständen ganzzahlige Koeffizienten schon durch Wahl der Übersetzung berücksichtigen.

2 Zweidimensionale Synthese

Wie aus der mathematischen Einleitung hervorging, ist diese Aufgabe praktisch die bedeutendste.

Die wenigen bislang hierzu veröffentlichten Anleitungen [18, 24, 25, 26] sind fast durchweg numerische Verfahren mit einfachen Hilfen zur Berechnung einzelner Synthesewerte. Dabei werden z. B. die aus der Wahl der Teilschrittweite sich ergebenden Winkelfaktoren oder auch die im voraus mit ihnen multiplizierten Koeffizienten auf Pappstreifen geschrieben; diese werden zur Errechnung eines Synthesewertes neben- oder übereinandergelegt und gegeneinander verschoben nach Maßgabe der Phasenverschiebungen der einzelnen Teilschwingungen. Die Summanden stehen dann jeweils, unter Umständen durch Ablesefenster gekennzeichnet, in einer Zeile oder Spalte beisammen und können mittels einer Addiermaschine summiert werden. Die Zahlenstreifen müssen ein für allemal hergestellt und übersichtlich aufbewahrt werden. Das Aussuchen und Einrichten der Streifen erfordert für jeden Synthesewert erneut Zeit und Vertrautheit mit dem Prinzip der Synthese, ist also nur schwer schematisierbar und durch unausgebildete Kräfte kaum zu erledigen.

21 Numerische Berechnung an einzelnen diskreten Stützstellen

Die rein rechnerischen Verfahren zur Synthese, wie sie sich auf der mathematischen Formulierung der Aufgabe aufbauen und wie sie die oben zitierten Veröffentlichungen angeben, können durch geeignete Vorbereitung und Verwendung von Hilfsmitteln, Schablonen und dergleichen, so hergerichtet werden, daß eine schnelle und verhältnismäßig einfache Rechnung nach festem Schema ermöglicht ist. Hierzu sei erwähnt, daß ein Student im Kriegseinsatz die gesuchte Synthesegröße nach einem neuen, besonders günstigen rechnerischen Verfahren an täglich 160 Stützstellen auf 4—6 geltende Stellen berechnete. Dabei waren 50 Strukturfaktoren gegeben; die Winkelfunktionen wurden mit 5 Stellen nach dem Komma angesetzt.

Im folgenden werden jedoch nur solche „zahlenmäßige" Verfahren näher dargestellt, die sich im wesentlichen auf Verwendung von Geräten stützen und also mehr oder weniger selbsttätig arbeiten. Zuvor muß jedoch eine Umformung der Syntheseformel (11*) erläutert werden, durch welche die Doppelsumme über von x und y abhängige Summanden aufgespalten wird in eine Doppelsumme über zwei nur von jeweils einer Unabhängigen x oder y abhängige Produkte. Damit ist die Synthese in zwei getrennten Arbeitsgängen und leichter ausführbar.

211 Rechenverfahren mittels doppelter Produktsummenbildung

a) Goniometrische Umformungen, Koeffiziententafeln

Der zweidimensionalen Fouriersynthese liegt die Gleichung

$$\sigma(x, y) = \sum_{h=-\infty}^{\infty} \sum_{k=-\infty}^{\infty} C_{hk} \cos 2\pi (hx + ky) \tag{11*}$$

mit

$$C_{\bar{h}\bar{k}} = C_{hk} \tag{16}$$

[17] zugrunde (vgl. S. 10).

[17]) Wie S. 10 gesagt, bedeutet $\bar{h}$ soviel wie $-h$.

Zunächst kann σ als Summe mit endlichen unteren Grenzen geschrieben werden. Wegen (16) und wegen $\cos(-\alpha) = \cos\alpha$ ist

$$(20)\quad C_{hk}\cos 2\pi(hx + ky) + C_{\bar{h}\bar{k}}\cos 2\pi(\bar{h}x + \bar{k}y) = 2C_{hk}\cos 2\pi(hx + ky).$$

Dies erlaubt, die Glieder der Doppelsumme in (11), die von 0 verschieden sind, paarweise zusammenzufassen und die Summierung über den einen Index, etwa k, auf positive Werte dieses Index zu beschränken. Es entsteht

$$(21)\quad \sigma(x, y) = C_{00} + 2\sum_{1}^{\infty} C_{0k}\cos 2\pi ky + 2\sum_{h=-\infty}^{\infty}\sum_{k=1}^{\infty} C_{hk}\cos 2\pi(hx + ky).$$

(Der Phasenfaktor von C_{00} ist bekanntlich 1.) Die hier noch auftretende Doppelsumme läßt sich weiter umformen, wenn man die Summanden mit C_{hk} und $C_{\bar{h}k}$ paarweise zusammenfaßt. Man erhält

$$(22)\quad C_{hk}\cos 2\pi(hx + ky) + C_{\bar{h}k}\cos 2\pi(-hx + ky) =$$
$$= (C_{hk} + C_{\bar{h}k})\cos 2\pi hx\ \cos 2\pi ky + (-C_{hk} + C_{\bar{h}k})\sin 2\pi hx \sin 2\pi ky$$

und aus (21) wird

$$(23)\quad \sigma(x, y) = C_{00} + 2\sum_{1}^{\infty} C_{0k}\cos 2\pi ky + 2\sum_{1}^{\infty} C_{h0}\cos 2\pi hx +$$
$$+ 2\sum_{1}^{\infty}\sum_{1}^{\infty}\left[(C_{hk} + C_{\bar{h}k})\cos 2\pi hx\ \cos 2\pi ky + (-C_{hk} + C_{\bar{h}k})\sin 2\pi hx\ \sin 2\pi ky\right].$$

In die Doppelsumme lassen sich auch die mit C_{0k} und C_{h0} behafteten Summanden aufnehmen. Mit den neuen Buchstaben A_{hk} und B_{hk} gemäß

$$(24)\quad \left.\begin{aligned} A_{hk} &= 2(C_{hk} + C_{\bar{h}k})\\ B_{hk} &= 2(-C_{hk} + C_{\bar{h}k})\\ A_{h0} &= 2C_{h0}\\ A_{0k} &= 2C_{0k}\\ A_{00} &= C_{00}\\ B_{h0},\ B_{0k}&,\ B_{00}\ \text{beliebig}^{18)} \end{aligned}\right\}\quad \text{für } h \neq 0,\ k \neq 0$$

entsteht die Gleichung

$$(25)\quad \sigma(x, y) = \sum_{0}^{\infty}\sum_{0}^{\infty}(A_{hk}\cos 2\pi hx\ \cos 2\pi ky + B_{hk}\sin 2\pi hx\ \sin 2\pi ky).$$

Hier ist die untere Summationsgrenze beide Male Null. Für das weitere wird diese Gleichung (25) zugrunde gelegt.

Mit den Strukturfaktoren C_{hk} sind also nach (24) die Größen A_{hk} und B_{hk} gegeben. Wenn speziell $C_{hk} = C_{\bar{h}k}$ (Gleichung (18)), so verschwinden alle B_{hk}, wodurch die Rechenarbeit auf ungefähr die Hälfte herabgesetzt wird.

Die Koeffizienten A_{hk} und B_{hk} lassen sich, nachdem sie ausgerechnet sind, je in ein ebenes Schema schreiben. So entstehen zwei KoeffizIententafeln. Die Tafeln werden um so größer, je mehr Strukturfaktoren gemessen sind. Wir

---

[18]) „beliebig", da ihr Phasenfaktor verschwindet.

legen sie so an, daß die h-Indizes nach unten und die k-Indizes nach rechts zunehmen; die Tafeln sehen also folgendermaßen aus:

$$\begin{array}{|lllll} A_{00} & A_{01} & A_{02} & \ldots & A_{0k} \\ A_{10} & A_{11} & A_{12} & \ldots & A_{1k} \\ \cdot & & & & \\ \cdot & & & & \\ \cdot & \cdot & \cdot & \cdot & \cdot \\ A_{h0} & A_{h1} & A_{h2} & \ldots & A_{hk} \end{array} \qquad \xrightarrow{k} \ \downarrow h \qquad \begin{array}{|lllll} B_{11} & B_{12} & B_{13} & \ldots & B_{1k} \\ B_{21} & B_{22} & B_{23} & \ldots & B_{2k} \\ \cdot & & & & \\ \cdot & & & & \\ \cdot & \cdot & \cdot & \cdot & \cdot \\ B_{h1} & B_{h2} & B_{h3} & \ldots & B_{hk} \end{array}$$

(Die zweite der Tafeln kann ebenfalls mit B_{00} begonnen werden; dann werden die erste Zeile und die erste Spalte zweckmäßig mit Nullen gefüllt.) Ist $C_{hk} = C_{\bar{h}k}$, so entfällt die B-Tafel.

b) Rechengang bei zweimaliger Produktsummenbildung

Der Ablauf der Rechnung soll zunächst nur am Ausdruck

$$\sigma^* (x, y) = \sum_0^\infty \sum_0^\infty A_{hk} \cos 2\pi hx \quad \cos 2\pi ky \tag{26a}$$

erläutert werden; die Berechnung des zugehörigen zweiten Ausdrucks

$$\sigma^{**} (x, y) = \sum_0^\infty \sum_0^\infty B_{hk} \sin 2\pi hx \quad \sin 2\pi ky \tag{26b}$$

verläuft analog.

Die Herstellung der Doppelsumme (26a) kann zerlegt werden in die beiden Arbeitsgänge

$$\left.\begin{array}{lll} (27) & \tau_k (x) = \sum\limits_{h=0}^\infty A_{hk} \cos 2\pi hx & \\ & & \text{und} \\ (28) & \sigma^* (x, y) = \sum\limits_{k=0}^\infty \tau_k (x) \cos 2\pi ky & \end{array}\right\} k = 0, 1, \ldots .$$

Auf den rechten Seiten steht beide Male eine Produktsumme. Will man σ^* für ein einzelnes Wertepaar (x, y) bestimmen, so braucht man aus (27) ebenso viele $\tau_k (x)$, wie die Koeffiziententafel Spalten hat. Genau dieselben Zahlen $\tau_k (x)$, die ja außer von k nur von x abhängen, kann man dazu benutzen, σ^* für andere Wertepaare zu berechnen, die im x-Wert mit dem erstgegebenen übereinstimmen. Man sieht weiterhin, daß sich für ein ganzes Netz von Punkten (x, y) die Rechnung ohne zusätzliche Überlegung ausführen läßt. Dazu seien die folgenden Betrachtungen angestellt:

Eine Anzahl von x-Werten und eine Anzahl von y-Werten seien gegeben, wobei

$$\begin{array}{l} 0 \leqq x_0 < x_1 < \ldots < x_l \leqq 1, \\ 0 \leqq y_0 < y_1 < \ldots < y_m \leqq 1. \end{array} \tag{29}$$

Für sämtliche Punkte der xy-Ebene mit den Koordinaten x_λ, y_μ ($\lambda = 0, 1, \ldots l$; $\mu = 0, 1, \ldots m$), also für $(l + 1)\,(m + 1)$ Punkte des Einheitsrechtecks läßt sich $\sigma^*(x, y)$ nun auf einfache Weise berechnen.

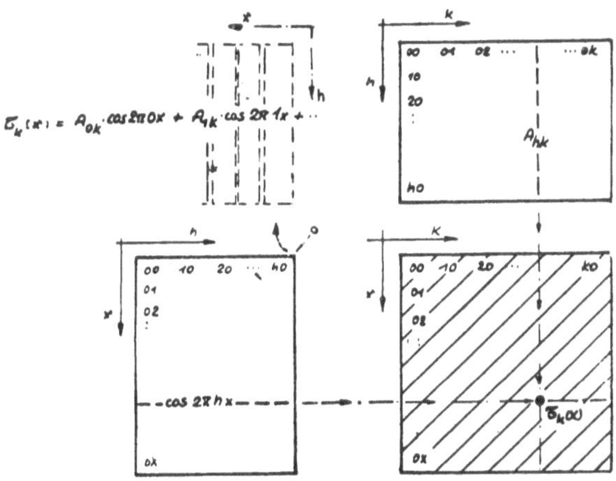

Abb. 13. Rechenschema zur Ermittlung von $\tau_k(x)$ vgl. Gleichung (27).

Man tabuliere die Funktion $\cos 2\pi h x$ mit einem h-Eingang oben und einem x-Eingang links, so daß h die Werte 0, 1, 2, ... (bis zum höchsten in der Koeffizitententafel vorkommenden h) und x die Werte x_0, $x_1, \ldots x_l$ durchläuft. Aus dieser Tafel und der Koeffizitententafel der A bilde man nach dem in Abb. 13 wiedergegebenen Schema eine Tafel der $\tau_k(x)$ (in Abb. 13 schraffiert) gemäß Gleichung (27) . $\tau_k(x)$ steht mit A_{hk} in derselben Spalte und mit $\cos 2\pi h x$ in derselben Zeile. Wie Gleichung (27) erkennen läßt, ist $\tau_k(x)$ gleichsam ein skalares Produkt aus h-dimensionalen Vektoren; sieht man die Tafeln der $\cos 2\pi\, hx$ und der A_{hk} als Matrizen an, so ist die Tafel der $\tau_k(x)$ einfach die Produktmatrix der beiden, in vorstehender Reihenfolge genommen.

Nun tabuliere man die Funktion $\cos 2\pi\, ky$ mit einem k-Eingang oben und einem y-Eingang links, so daß k die Werte 0, 1, 2, ... (bis zum höchsten in der Koeffizitententafel vorkommenden k) und y die Werte $y_0, y_1, \ldots y_m$ durchläuft. Diese Tafel wird nun zusammen mit der Tafel der $\tau_k(x)$ in das Rechenschema von Abb. 14 eingebaut, woraus alsdann gemäß Gleichung (28) eine Tafel der $\sigma^*(x, y)$ (in Abb. 14 schraffiert) sich ebenso gewinnen läßt wie vorher die Tafel der $\tau_k(x)$ aus der Tafel der $\cos 2\pi\, h x$ und der Tafel der A_{hk}. Wieder kann man $\sigma^*(x, y)$ als Skalarprodukt zweier Vektoren, diesmal von k Dimensionen, ansehen und die Tafeln als Matrizen betrachten, wobei dann die Matrix der $\sigma^*(x, y)$ das Produkt der anderen beiden ist.

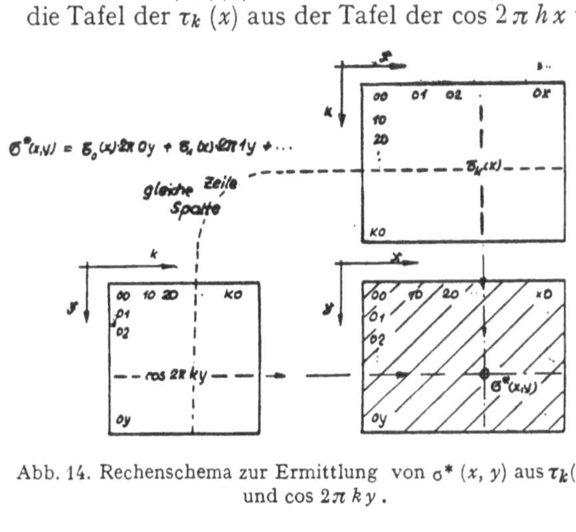

Abb. 14. Rechenschema zur Ermittlung von $\sigma^*(x, y)$ aus $\tau_k(x)$ und $\cos 2\pi\, k y$.

Es ist klar, daß (h, x) ihre Rollen mit (k, y) ohne weiteres vertauschen können. Für Kontrollrechnungen ist dies von Bedeutung.

Bei der Wahl der Zahlen x_λ und y_μ bedeutet es keine Beeinträchtigung der Allgemeinheit, wenn man die x_λ und die y_μ je auf das Intervall $0 \ldots \frac{1}{2}$ einschließlich der Randpunkte beschränkt. Denn wegen $\cos(2\pi \pm \alpha) = \cos\alpha$ ist

$$\sigma^*(x, y) = \sigma^*(1 - x, y) = \sigma^*(x, 1 - y) = \sigma^*(1 - x, 1 - y)\,. \tag{30}$$

Wenn Gleichung (19) gilt, also alle C_{hk} Null sind, für die $h + k$ ungerade ist, so ist wegen $\cos(\pi \pm \alpha) = -\cos\alpha$ auch noch

$$\sigma^*\left(\frac{1}{2} - x, \frac{1}{2} - y\right) = \sigma^*(x, y)\,, \tag{31}$$

so daß man dann vom Einheitsrechteck $0 \leqq x < 1$, $0 \leqq y < 1$ nur das Teilrechteck $0 \leqq x < \frac{1}{2}$, $0 \leqq y < \frac{1}{4}$ oder $0 \leqq x < \frac{1}{4}$, $0 \leqq y < \frac{1}{2}$ zu berechnen braucht, um $\sigma^*(x, y)$ bereits im ganzen Rechteck und damit in der ganzen xy-Ebene zu kennen.

In der Praxis wird man die Werte $x_0, x_1, \ldots x_l$ und ebenso die Werte $y_0, y_1, \ldots y_m$ äquidistant legen; man macht die Zahlen l und m etwa gleich 12, 18, 24, 36 oder 48. Das Punktnetz in der xy-Ebene, für welches man $\sigma^*(x, y)$ ausrechnet, hat dann rechteckige Maschen, die sämtlich von derselben Abmessung sind.

Bei Äquidistanz der x_λ wird die Tafel der $\cos 2\pi hx$, wie man leicht sieht, symmetrisch bezüglich der Hauptdiagonalen. Wählt man $l = m$, so werden die Zahlentafeln für $\cos 2\pi hx$ und $\cos 2\pi ky$ miteinander identisch; jede Masche ist dem Einheitsrechteck geometrisch ähnlich. In diesem Falle braucht man für beliebige Maschenweite des zu berechnenden Punktnetzes nur eine Cosinustafel herzustellen. Die Anzahl ihrer Zeilen und Spalten richtet sich nach der Maschenweite und der Anzahl der gegebenen h, k.

Das Aufsuchen der für die Produktbildung jeweils zusammengehörenden Faktoren kann mittels Schablone und Schieber mechanisiert werden. Es wird dabei zweckmäßig sein, die in Abb. 13 und Abb. 14 links unten gezeichnete Tafel unter Drehung um einen rechten Winkel links neben die oben rechts gezeichnete Tafel zu legen und vielleicht die eine der Tafeln in Streifen zu zerschneiden, die auf die andere Tafel aufgelegt werden.

c) *Einsparen von Rechenarbeit*

Man spart Rechenarbeit, wenn man zugleich mit jedem nach (27) zu berechnenden $\tau_k(x) = \sum_0^\infty A_{hk} \cos 2\pi hx$ die Größe

$$\tau'_k(x) = \sum_0^\infty (-1)^h A_{hk} \cos 2\pi hx \tag{32}$$

ausrechnet. Wegen $\cos(\pi - \alpha) = -\cos\alpha$ hat man nämlich

$$\tau'_k(x) = \tau_k(\tfrac{1}{2} - x)\,; \tag{33}$$

und wenn m gerade ist, was in praxi stets der Fall sein wird, so kommt mit $\tau_k(x)$ auch $\tau_k(\frac{1}{2} - x)$ in der Tafel der τ_k vor.

Ebenso spart man Rechenarbeit, wenn man mit jedem $\sigma^*(x, y)$ zugleich $\sigma^*(x, \frac{1}{2} - y)$ gemäß der Gleichung

$$\sigma^*(x, \tfrac{1}{2} - y) = \sum_0^\infty (-1)^k \tau_k(x) \cos 2\pi ky \tag{34}$$

ausrechnet.

Unter der Voraussetzung, daß die C_{hk} für ungerade $h + k$ verschwinden, findet man für $\sigma^* (\frac{1}{2} - x, y)$ dasselbe wie für $\sigma^* (x, \frac{1}{2} - y)$. Dies bietet eine bequeme Kontrolle.

Wenn – was in der Praxis häufig ist – alle B_{hk} Null sind, so ist $\sigma^* = \sigma$. Andernfalls muß die Rechnung für σ^{**} (siehe Gleichung (26b)) gesondert ausgeführt werden, wozu eine Tafel für $\sin 2\pi\, h x$ erforderlich ist. Dies verdoppelt die äußere Rechenarbeit. Weiter ist zu beachten, daß (30) für σ^{**} nicht gilt; statt dessen hat man die Beziehungen

(35) $\sigma^{**} (x, y) = -\sigma^{**} (1 - x, y) = -\sigma^{**} (x, 1 - y) = \sigma^{**} (1 - x, 1 - y).$

Mittels $\sigma^* + \sigma^{**} = \sigma$ folgt aus (3) und (35) aber, daß

(36) $$\sigma (x, y) = \sigma (1 - x, 1 - y) ,$$

was auch bereits aus (11*) hervorgeht.

Für die Berechnung einer ganzen Tafel der σ^{**} hat man Rechenersparnismöglichkeiten, die denen für σ^* analog sind.

212 Lochkartenverfahren

Das durch Abb. 13 und 14 veranschaulichte ziemlich primitive Verfahren der doppelten Produktsummenbildung eignet sich für die Berechnung mittels Lochkartenmaschinen, da es einfache und wenige Arbeitsgänge, wenn auch in größerer Wiederholung vorsieht, besser als ein ausgeklügeltes Schema, das verwickelte Maschinenschaltung und umständliche Bedienung voraussetzt. Der Ablauf der Rechengänge ist nämlich hierbei besonders einfach und wiederholt sich stets in gleicher Weise bis zum Aufbau des Ergebniszahlenfeldes.

Es werden zum Aufbau von σ^* benötigt:

An Karten: Ein doppelter Satz Lochkarten der Koeffizienten A_{hk} mit ihren Indizes h und k sowie ein Satz Leitkarten der Winkelfunktion $\cos 2\pi\, h x$, der gleichzeitig für $k y$ verwendbar ist und der nur ein für allemal hergestellt zu werden braucht; sie werden mit Vorteil in Gefächern eines schachbrettartig eingeteilten Kastens aufbewahrt.

An Maschinen: Locher (und Doppler), Sortiermaschine, Rechenlocher und Ergebnislocher, Tabelliermaschine.

Die Karten der Koeffizienten A'_{hk} werden mit h als „Zeilenmerkmal" und k als „Spaltenmerkmal" versehen und zeilenweise nach h geordnet. Vor jeden Zeilen-Kartensatz wird von Hand aus der x-Zeile des Leitkartenfeldes je eine Leitkarte mit dem Winkelfaktor gelegt, der für das zu berechnende x und die betreffende h-Zeile gilt. Sämtliche Karten werden dann in den Rechenlocher gegeben, der die Koeffizienten jeder Zeile mit dem für sie gleichbleibenden Winkelfaktor der vorgelegten Leitkarte multipliziert und die Produkte in die Koeffizientenkarten einlocht. Danach werden die benutzten Leitkarten entfernt und die Koeffizientenkarten nach Spalten k sortiert. Die eben gelochten Produkte jedes Spaltenstapels werden dann in der Tabelliermaschine summiert und gleichzeitig im Ergebnislocher jede Spaltensumme $\tau_k (x)$ in neue „Summenkarten" eingelocht, die die Indizes k der Koeffizientenspalte und x der Winkelfaktorzeile als Merkmale erhalten. Es entsteht eine Zeile $\tau_k(x)$ für ein bestimmtes x. Die Koeffizientenkarten werden zum Schluß wieder nach Zeilen h sortiert (Abb. 15).

Damit ist ein Schritt des sich immer wiederholenden Ablaufes geschehen. Jeder der folgenden Schritte für weitere x erhält lediglich eine andere Leitkartenzuordnung zu den Koeffizientenkartenzeilen, die Produkte werden in andere, noch freie Ziffernspalten der Koeffizientenlochkarten gelocht, und die Produktsummen $\tau_k(x)$ jeder Spalte werden mit den Merkmalen k und x in neue Karten gelocht. Der Kartensatz der Koeffizienten muß doppelt hergestellt werden, weil die 80 Ziffernspalten jeder Lochkarte nur für den sechsstelligen Koeffizienten, seine zwei zweistelligen Indizes und für 14 Produkte von je fünf Stellen Platz geben, was im allgemeinen nicht ausreichen wird.

Nach Bearbeitung aller vorkommenden x liegt die Tabelle der $\tau_k(x)$ in Karten vor. Sie wird daraufhin mit den Leitkarten, die jetzt $\cos 2\pi\, ky$ heißen, zum Ausgang eines neuen Ablaufes genommen, in gleicher Art wie bisher die Tabelle der A_{hk}, aber mit k und y an Stelle von h und x, so daß jetzt in jedem Schritt ein bestimmter y-Wert der Leitkarten (eine Zeile) aussortiert, die Zeilenpacks der Summenkarten mit gleichem Index k damit multipliziert und nach Spalten mit konstantem x summiert werden. In Abb. 15 sind die Sortiermerkmale für den zweiten Durchlauf in Klammer beigefügt. Als Ergebnis eines Schrittes des zweiten Durchlaufs erscheint je eine Zeile $\sigma^*(x, y)$ für gleiches x und nach Ablauf der weiteren x-Schritte sämtliche Werte der Tabelle $\sigma^*(x, y)$.

Ob dieses Lochkartenverfahren eine wesentlich größere Arbeitsgeschwindigkeit als die rein rechnerischen Verfahren der doppelten Produktsummenbildung erreicht und ob sich daher etwa Beschaffung von Maschinen lohnt, läßt sich erst nach den geplanten Vergleichsversuchen entscheiden. In einem ersten Überschlag der Arbeitszeit kann man die Anzahl der notwendigen Arbeitsgänge der Hollerithmaschine auszählen und für eine Addition oder Subtraktion samt Übertragung 0,4 sec, für gleichzeitiges Schreiben oder Lochen zusammen 0,6 sec ansetzen, für eine Multiplikation bis zu 3 sec je nach Stellenzahl. Im allgemeinen kann man mit einem Zehntel der Zeit rechnen, die für die Berechnung mit gewöhnlicher Rechenmaschine erforderlich ist; doch rührt diese Ersparnis weniger von der schnelleren Rechenoperation, als vom Fortfall jeglicher Ablese- oder Eintastarbeit her. Jedenfalls aber läuft dieses Verfahren nach einem festen Schema; es kann bei großem Bedarf an Syntheserechnungen enger Maschenteilung und Vorhandensein von Lochkartenmaschinen mit Erfolg und auch von in bezug auf wissenschaftliche Rechnungen unerfahrenen Kräften durchgeführt werden. Eine solche wissenschaftliche Arbeit, die ja meist an keinen bestimmten Termin gebunden ist, kann mit der im kaufmännischen Betrieb selbst großer Firmen durchweg nur zeitweise zu Terminarbeiten voll eingesetzten Hollerithanlage zwischenzeitlich und also ohne zusätzlichen Aufwand durchgeführt werden. Als wesentlicher Vorteil ist jedoch zu werten, daß die Rechnung ohne die sonst unvermeidlichen Einstell- und Abschreibfehler selbsttätig verläuft und daß auch die Ergebnistabelle sogleich in endgültiger Form gedruckt wird.

Zur Berechnung einer Stützstelle x, y tritt zu je einem Koeffizientenkarten-Zeilenpack für gleiches h eine Leitkarte für dieses h aus dem Zeilenpack für das gemeinsame x. Die Produkte werden in die Koeffizientenkarten gelocht.

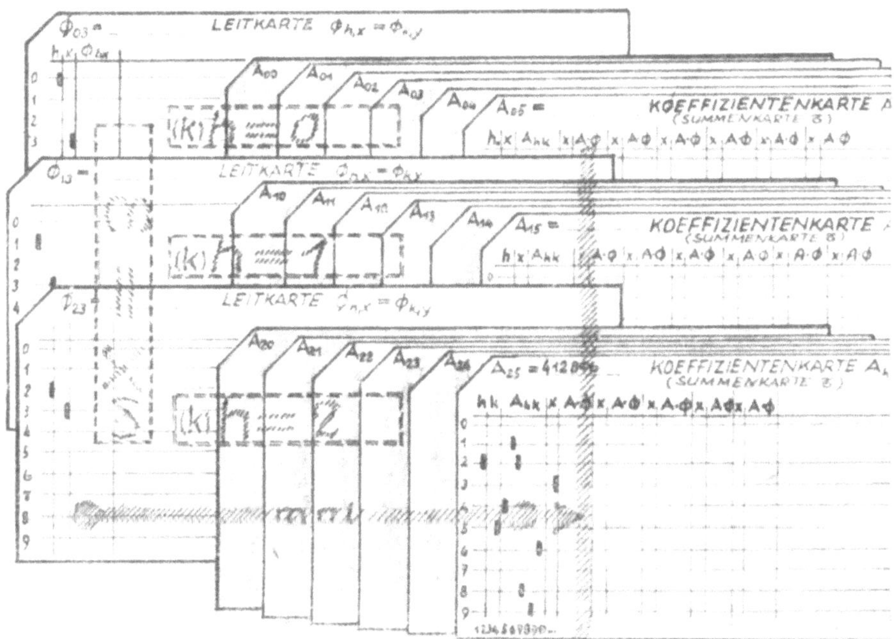

Die Produkte der Spalten für dieses x und gleiches k werden addiert und die Summe als $\tau_k(x)$ in neue Karten gelocht.

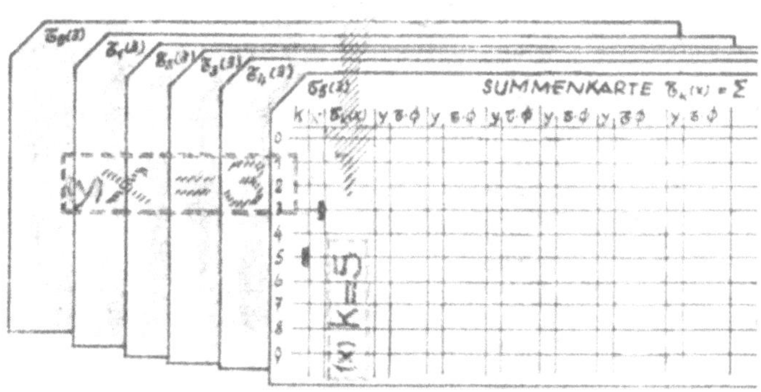

Die Karten $\tau_k(x)$ werden in Wiederholung des ganzen Rechenablaufes an Stelle der Koeffizientenkarten genommen und (gemäß den in Klammern beigefügten Merkmalen) $\sigma^*(x, y)$ als Produktsumme berechnet.

Abb. 15. Schema eines Schrittes des Lochkartenverfahrens.

213 *Phasenfaktorentrommel*

a) Rechengang, Phasenfaktoren

Bei der rechnerischen doppelten Produktsummenbildung wie beim Lochkartenverfahren werden in den Ausdrücken A_{hk} cos $2\pi\, hx$ cos $2\pi\, ky$[19]) die beiden trigonometrischen Faktoren nacheinander mit dem Fourierkoeffizienten zu einem Produkt vereinigt. Nun möge das Produkt cos $2\pi\, hx$ cos $2\pi\, ky$ im voraus gebildet werden.

Für ein einzelnes Wertepaar x, y läßt sich dann die Berechnung des durch Gleichung

$$\sigma^* (x, y) = \sum_0^\infty \sum_0^\infty A_{hk} \cos 2\pi\, hx \cos 2\pi\, ky \tag{26a}$$

definierten Ausdrucks $\sigma^* (x, y)$ folgendermaßen gestalten:

Man tabuliert die Funktion $\Phi\ (h, k) = \cos 2\pi\, hx \cos 2\pi\, ky$ für das betreffende Wertepaar x, y, wobei in dem entstehenden Zahlenfeld – das jetzt und im folgenden „Phasenfaktorenblatt" genannt sei – $\Phi\ (0, 0) = 1$ in die linke obere Ecke geschrieben wird, der h-Eingang sich links und der k-Eingang sich oben befindet, so daß also h von Zeile zu Zeile nach unten und k von Spalte zu Spalte nach rechts wächst. Ein Blatt ist somit äußerlich ebenso aufgebaut wie die Koeffiziententafel S. 24. Es muß auch so groß sein wie diese, also jede in der Koeffiziententafel vorkommende Indexkombination hk enthalten.

Das Bilden der Produkte $A_{hk} \cdot \Phi\ (h, k)$ ist dadurch insofern erleichtert, als man beide Faktoren an derselben Stelle findet. Besonders wertvoll werden die Blätter der $\Phi\ (h, k)$ aber erst, wenn man ihre äußeren Abmessungen denen der Koeffiziententafel angleicht. Macht man sie auch noch durchscheinend oder versieht man sie mit Fenstern, so kann man sie auf die Koeffiziententafel legen und die zusammengehörigen Faktoren A_{hk} und $\Phi\ (h, k)$ mit gleichen Indizes unmittelbar unter- oder nebeneinander sichtbar machen. Das Bilden und das Aufsummieren der Produkte muß dann noch von einer Rechenkraft geleistet werden. Als Band II zu diesem Werk erscheint im Akademie-Verlag in Kürze eine Tafel von 91 solcher Phasenfaktorenblätter, näheres siehe Anhang 1.

b) Gestaltung

Vom Grundgedanken der Phasenfaktorentafel, wie sie im vorstehenden Abschnitt beschrieben ist, gelangt man zu folgender Möglichkeit der Mechanisierung:

Statt Phasenfaktorenblätter anzulegen, schreibt man die Phasenfaktoren $\Phi\ (h, k)$ auf eine Walze (um die Periodizität wenigstens in einer Richtung auszunutzen) und die Koeffizienten A_{hk} (gegebenenfalls auch B_{hk}) auf ein Blatt, das an die drehbar zu lagernde Walze derart angekoppelt ist, daß Koeffizient und mit gleichen Indizes zugehöriger Phasenfaktor gleichzeitig in zwei Fenstern oder Schablonenausschnitten sichtbar werden. Die Steuerung ist in der Weise möglich, daß ein Zeiger (als Metallrähmchen ausgebildet) in Vorwärts- und Seitwärtsrichtung beweglich über die Koeffiziententafel geführt wird, etwa bei jedem Koeffizienten einrastend, und daß nach seiner Bewegung die Trommel

[19]) Entwicklung dieses Ausdrucks s. Abschnitt 211a, S. 23.

gedreht bzw. seitlich verschoben wird relativ zu einem Fenster, in dem der zu dem Koeffizienten gehörige Phasenfaktor erscheint. Die Trommelbewegung muß zusätzlich nach den Größen x und y regelbar sein. Ein so gebauter Mechanismus ersetzt die Phasenfaktorentafel.

Eine Vorrichtung, die als Vorstufe zu einem Mechanismus dieser Art anzusehen ist, wurde bereits als Hilfsmittel zum Schreiben der Phasenfaktorentafel von Herrn A. Papasoff gebaut und gebraucht (Abb. 16). Hier liegt die Trommel waagrecht, drehbar gelagert, hinter dem Wagen der Schreibmaschine. Auf sie werden in der durch k und y gegebenen Reihenfolge einzelne lose Ringe aufgeschoben, auf deren Umfang die Phasenfaktoren in durch $2\pi/24$ bestimmter Weise aufgeschrieben sind. Beim Schreiben einer Zeile der Tafel wird von einem am Schreibmaschinenwagen befestigten und sich mit ihm verschiebenden Fenster jeweils eine Zahl umrandet und so hervorgehoben. Beim Übergang zur nächsten Zeile eines Blattes (x, y) dreht sich die Trommel automatisch, von einem Motor angetrieben und durch einen nach x bezifferten Anschlag für die Transportklinke begrenzt, um einen einstellbaren Winkelschritt weiter. Dazu ist am Randanschlag der Schreibmaschine ein Kontakt angebracht, der beim Ende einer Zeile den Motor zum Antrieb der Klinke einschaltet. Das Vorzeichen ist durch Färbung der Ringe kenntlich gemacht.

Die Anzahl der auf jedem Ring aufgeschriebenen Zahlen ist gleich der Anzahl der – in diesem Fall notwendig gleich breiten – x-Intervalle des Einheitsrechtecks der xy-Ebene. Bei Vierundzwanzigstelteilung liegen die Zahlen also um 15° auf dem Ringumfang auseinander. Die Ringe sind voneinander verschieden und müssen beim Schreiben eines neuen Blattes für anderes y ausgewechselt werden. Die Periode, mit der im Falle der cos-cos-Trommel ein Ring der Zahl 1 wiederkehrt, richtet sich nach der Größe ky. Wenn das n-fache von ky (mit ganzzahligem n) eine ganze Zahl ist, so sind höchstens[20]) die ersten n Ringe voneinander verschieden, nach dem n-ten Ring wiederholt sich die Ringanordnung. Zum Schreiben eines Blattes für anderes x bei gleichem y ist nur der Betrag des Winkelteilschrittes der Trommeldrehung zu ändern.

Dieses Hilfsmittel zum Schreiben der Tafel kann bei weiterer Durchbildung die Tafel ersetzen. Es ist nicht so bequem in der Bedienung wie diese und erfordert etwas Aufmerksamkeit beim Einrichten. Man wird in diesem Fall das Auswechseln der einzelnen Ringe, bei dem Irrtümer entstehen können, unter Umständen vermeiden und eine genügende Zahl fertig beschriebener Trommelbeläge, etwa aus Zeichenleinen, vorsehen, die zusammengefaltet und geordnet in einer Mappe aufbewahrt werden können. Die Vorzeichen lassen sich dabei durch farbige durchsichtige Überschubzylinder kennzeichnen. Durch eine Liste wird man die Zuordnung von Trommelbelag, Vorzeichen und Drehschritt zu dem zu berechnenden Punkt vorschreiben. Die Zahl der Trommelbeläge ist dann höchstens gleich der Anzahl der y-Schritte je Periode, während die Zahl der Blätter dem Produkt aus beiden x- und y-Schritten entsprechen muß. Daher dürfte sich eine solche Vorrichtung bei engerem Schrittabstand ($^1/_{72}$—$^1/_{120}$ der Periode) empfehlen, da die Zahl der Tabellen groß und ein Tafelwerk sehr unhandlich würde.

---

[20]) „höchstens", weil der $(n\text{-}m)$-te Ring gleich dem m-ten ist, wenn man den linksäußersten Ring als den nullten zählt.

Abb. 16. Hilfsgerät zum Schreiben der Phasenfaktorentafel.
Trommel mit auswechselbaren Zahlenringen für $\frac{2}{48}$-Teilung.

Das Auswechseln der Ringe oder auch noch der ganzen Beläge ist durch einigen Konstruktionsaufwand ganz zu vermeiden. Dazu ist die Trommel nicht als ganzes schwenkbar anzuordnen, sondern sie ist aus einzelnen Scheiben von der Breite der Ringe mit einheitlicher Beschriftung mit den Winkelfaktoren aufzubauen. Die Ringe müssen durch eine Zahnradübersetzung derart untereinander und mit einer Antriebswelle angeschlossen sein, daß neben der Gesamtdrehung der Trommel als Ganzes noch die einzelnen Ringe gegeneinander um steigende Faktoren proportional der Ringnummer gedreht werden können, das heißt, daß der erste Ring keine Drehung, der zweite eine solche um einen Umfangsschritt, der dritte um zwei usw. ausführt, wenn am Handrad eine Umdrehung eingeleitet wird. Dieses Getriebe kann nach Art der Staffelwalzen (Abb. 28) gestaltet sein, so daß das Antriebsrad für den zweiten Ring einen Zahn, das für den dritten zwei Zähne usw. hat, und bei einer Umdrehung der Antriebswelle die Ringe um entsprechend viele Umfangsteile weitergedreht werden. Natürlich dürfen die Gesamtdrehung und die Proportionaldrehung sich nicht gegenseitig beeinflussen.

Beim Berechnen einer Stützstelle mittels der Koeffiziententafel ist die Proportionaldrehung einmal gemäß dem Index k einzustellen (wodurch die Spaltenanordnung der x, y-Phasenfaktorentafel hergestellt wird) und dann beim Multiplizieren von Zeile zu Zeile die Gesamtdrehung der Trommel in Umfangsschritten gemäß h vorzunehmen.

Weitere Mechanisierung läßt sich bei der Verwendung der Phasenfaktorentrommel folgendermaßen erreichen: Die Koeffizienten werden, wie auch für den Tabellengebrauch vorgesehen, in gleicher Anordnung auf ein Transparentblatt geschrieben; dieses wird durch Lichtpausen vervielfältigt. Zur Berechnung eines Punktes wird dann ein solches Blatt in eine Fakturiermaschine eingespannt. Durch das wieder am Wagen befestigte Fenster liest man zu jedem dort stehenden Koeffizienten den ihm zugehörigen Phasenfaktor auf der hinter dem Wagen angebrachten Zahlentrommel der oben beschriebenen Ausführung ab und tippt ihn ein. Er wird dadurch neben oder unter den Koeffizienten geschrieben und automatisch ins Rechenwerk gegeben. Dann tastet man den Koeffizienten ins Multiplikationswerk und leitet die Multiplikation ein; das Produkt Phasenfaktor mal Koeffizient wird gespeichert. Die weiteren Teilprodukte berechnet man ebenso und läßt sie selbsttätig summieren, so daß nach Durchlauf eines Koeffizientenblattes als Ergebnis die Synthese eines Dichtewertes aus dem Speicherwerk ausgeworfen werden kann. Das Blatt zeigt als Beleg nach der Rechnung außer dem Ergebnis neben jedem Koeffizienten den zugehörigen Phasenfaktor sowie als weitere Kontrollen die Phasenfaktorensumme und die für alle Punkte des Netzes gleiche Koeffizientensumme.

An Stelle der Fakturiermaschine kann auch eine schreibende Vierspezies-Rechenmaschine mit breitem verschieblichem Wagen (z.B. Mauser-Cordt) verwendet werden. Notfalls reicht auch aus, wenn an der Phasenfaktorentrommel eine Tabulatoreinrichtung vorgesehen ist, die beim Eintasten der Zahlen in eine gewöhnliche Rechenmaschine bzw. beim Drücken der Multiplikationstaste das Ablesefenster um eine Stelle weiterspringen läßt. Die vorher vorhandenen Kontrollen der getasteten Zahlen fallen jedoch hierbei weg.

Beide Verfahren, die Benutzung der Phasenfaktorentrommel und des Tafelwerkes, haben den Vorteil gemeinsam, bei vorhandener Tafel bzw. Trommel keinerlei Vorarbeiten als das Aufschreiben der Koeffizienten auf ein vorgegebenes Formular zu benötigen. Auch die weitere Rechnung ist nach einmaliger Anweisung leicht und ohne große Fehlermöglichkeiten auch von unqualifizierten Kräften durchzuführen[21]).

[21]) Wenn die Zahlenwerte der Trommel durch Kontaktanordnungen dargestellt sind, wie es Abb. 29 schematisch zeigt, kann auch hier vollautomatische magnetische Eintastung der Winkelfaktoren in eine Multipliziermaschine oder gleich in elektrische Multiplizierschaltungen erfolgen.

22 Berechnung eines Stützordinatengitters

221 Meßrollengerät

Das auf S. 15 für den eindimensionalen Fall dargestellte Verfahren zur Synthese von mehreren diskret liegenden Punkten mittels Meßrollen läßt sich auf zwei Dimensionen ausbauen. Die eine dort vorgesehene Reihe von Meßrollen, die sich auf einem nach dem Wert der Koeffizienten gedrehten Zylinder abwälzen und jedesmal dem Index h des Koeffizienten und ihrer Abszissenlage x entsprechend um den Winkel hx geschwenkt werden, wird jetzt mehrfach nebeneinander angeordnet. Die Zylinder erhalten alle gleiche Drehung um C_{hk}, wieder mittels eines durch einen Einstellzähler gesteuerten Motors. Die Schwenkung der Meßrollen gemäß den jetzt vorliegenden beiden Indizes h und k und den Ortskoordinaten x und y geschieht beispielsweise durch zwei sich rechtwinklig kreuzende Zahnstangensysteme. Von ihnen dient das eine Gitter von zylinderlängs liegenden Zahnstangen zur Einstellung des Winkels hx, der für die Synthese aller Koeffizienten mit gleichem h konstant bleibt und eine Anfangsphasenlage bewirkt, die von Reihe zu Reihe um ein gleiches Vielfaches wächst. Das zweite quer liegende Zahnstangensystem schwenkt (am besten zeitlich nach dem ersten) die Meßrollenspalten zusätzlich (über je ein Addiergetriebe) wie im eindimensionalen Fall für jeden Koeffizienten um wachsende Winkelvielfache ky bei konstantem hx, so daß die Schwenkung der Meßrollenachsen dem Summenwinkel $(hx + ky)$ entspricht (Abb. 17).

Ein nach diesem Prinzip gebautes Gerät bildet ein Gitter von diskreten, gleichabständigen Synthesepunkten mit einfachsten Bedienungsansprüchen und ähnlich guter Genauigkeit wie rechnerische Verfahren; es verlangt dafür aber einigen Aufwand an Grundfläche (etwa 8×8 cm je Meßrolle) und feinmechanischer Konstruktion und zweimaliges Ablesen der vielen Meßrollen und Differenzbildung der Ablesungen.

222 Darstellung der Wellflächen durch Stufenschablonen

Zu einem mechanischen Gerät, ähnlich wie es in 232, S. 37 geschildert ist, zur Summation der Ordinaten in den Punkten eines Stützstellengitters kommt eine Entwicklung von Hoppe (nach unveröffentlichten Mitteilungen), welche durch Fühlstifte nach und nach die Ordinaten der eingebrachten Sinuswellflächen an allen Gitterpunkten gleichzeitig abtastet und sie summiert, so daß zum Schluß wirklich ein Feld von Stiften verschiedener Höhenlagen entsteht, deren obere Enden die Synthesefläche repräsentieren.

Durch einige Kunstgriffe wird die Anzahl der notwendigen Schablonen verringert und die Multiplikation mit den Koeffizienten vermieden: Jede Wellfläche besteht aus treppenförmigen Schablonenblechen gleicher Gestalt und gleicher Periodenlänge für einen Index, die zur Änderung des zweiten Index parallelogrammartig verschoben werden können. Es reichen dann so viele Schablonenpakete aus, wie einer der Indizes durch seine Zahl angibt. Weiterhin wird die Multiplikation umgangen, indem die Amplituden der Teilwellen durch zweimalige Addition eines gleichen Schablonenpaketes in verschiedener Phasenlage gebildet werden.

Da solche Stufenschablonen recht genau hergestellt werden können und der Gesamtaufwand durch die skizzierten Vereinfachungen recht gering ist, erscheint ein solches Gerät als beste Lösung zur mechanischen zweidimensionalen Synthese an den Knotenpunkten eines Gitters und zur Gewinnung eines augenfälligen Bildes.

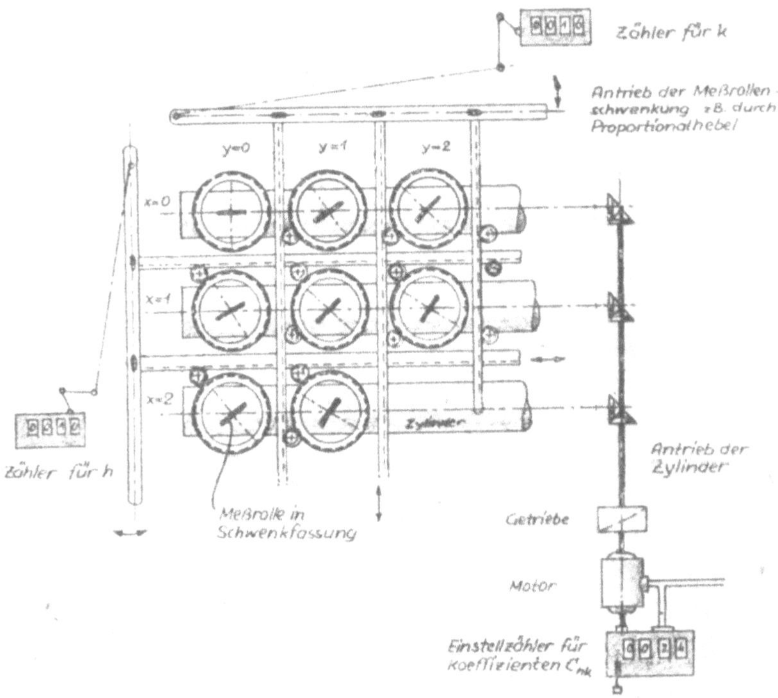

Abb. 17. Zweidimensionaler Meßrollensynthesator.

23 Gewinnung von einzelnen kontinuierlichen Schnittlinien und Schichtlinienbildern

231 Vorgehensweise

Wie die numerische, ist auch die gerätemäßige Bestimmung der gesamten Ergebnisfläche durch ein genügend dichtes Netz von gleichzeitig und gleichartig berechneten Synthesewerten mühsam. Man kann sich die Aufgabe erleichtern, indem man zunächst eine der Koordinaten konstant läßt, also etwa $y = y_0$ setzt. Damit verzichtet man auf Kontinuierlichkeit in der einen Richtung (hier y), während sie in der anderen erhalten bleibt. Schreibt man

$$\sigma_0(x) = \sum_{h=0}^{\infty} \left[\sum_{k=0}^{\infty} C_{hk} \cos 2\pi (hx + ky) \right], \tag{37}$$

so enthält jede in eckiger Klammer stehende Summe über k nur gleichfrequente Summanden der Frequenz h.

Für die Berechnung von σ_0 (x) ergibt sich aus obiger Formel folgende Anweisung: Man macht die C_{hk} zu Amplituden von Teilschwingungen, und zwar so, daß alle C_{hk} mit gleichen h zu Schwingungen derselben Frequenz h gehören. Die Größe von y_0 legt die Anfangsphasenverschiebung der Amplituden C_{hk} gegenüber C_{h0} fest. Dann faßt man alle C_{hk} mit gleichen h unter Berücksichtigung der Anfangsstellungen zusammen und erhält dadurch eine einzige Teilschwingung der Frequenz h. Summation über h liefert schließlich das gewünschte σ_0 (x). Man erlangt auf diese Weise den Wert σ nicht für alle Wertepaare x, y, sondern zunächst nur für diejenigen auf der zur x-Achse parallelen „Schnittlinie" $y = y_0$.

Für die Schnittlinie $y = y_0 = 0$ z.B. braucht man wegen $ky = 0$ nur die Teilschwingungen der Frequenzen h für $h = 0 \ldots 12$ mit den Amplituden C_{h0}, C_{h1}, ..., C_{h14} ohne Phasenverschiebungen zu bilden und zu summieren. Die entstehende Summenkurve gibt die gesuchte Funktion σ (x, y) längs der Geraden $y = 0$ im xy-Feld, also den Schnitt der Fläche $\sigma = \sigma$ (x, y) mit der $x\sigma$-Ebene. Zur Berechnung der σ-Werte für eine andere Schnittlinie $y = y_1$ der Funktionsfläche sind lediglich die Phasenwinkel ky_1 für $k = 0 \ldots 14$ als Anfangslagen der Teilschwingungen einzuführen.

Das beschriebene Vorgehen könnte für diskrete Punkte jeder Schnittlinie durch zahlenmäßiges Ausrechnen der Produkte C_{hk} $\cos 2\pi$ $(hx + ky)$ und Summieren erfolgen. Vorteilhafter ist jedoch die Anwendung eines Gerätes, das die Syntheseglieder mit richtiger Amplitude, Frequenz und Phase herstellt und die Summe aller Teilschwingungen als Schnittlinie aufzeichnet. Wenn man einen Überlagerer verwendet, der ja eindimensionale Synthese mit kontinuierlich veränderter unabhängiger Variabler leistet, der also längs $y = y_0$ zu jedem x das zugehörige σ herstellt, so gewinnt man σ_0 (x) als Funktion zu laufendem x. Dieses Vorgehen kann man für so viele dicht nebeneinander liegende y_n wiederholen, als man nötig hat, um alle Punkte x, y genau genug anzunähern, d. h. um die Fläche erkennen zu können. Ähnlich wird ja auch vielfach beim Kopierfräsen eines Gesenkes die Form durch nah benachbarte parallele Fräsgänge erzeugt, wie man gut an dem schon zitierten Eierversandkarton sieht.

Auf welche Weise die Teilschwingungen in den Cosinustrieben des Gerätes erzeugt werden, ist für den Ablauf der Summation ohne Belang. Daher sei vorerst nur der Summationsgang wiedergegeben.

In einem nach h und k bezifferten rechteckigen Feld[22]) sind zeilen- und spaltenweise Cosinustriebe angeordnet. Wir nennen eine Reihe mit konstanten $h = 0 \ldots 12$ eine Zeile und denken sie waagrecht verlaufend, eine Reihe mit konstanten $k = 0 \ldots 14$ eine Spalte, senkrecht verlaufend. Links oben sei $h = k = 0$. Nahe der rechten unteren Ecke brauchen, da dort die C_{hk} praktisch verschwinden, keine Cosinustriebe angebracht zu werden. Jeweils die in einer Zeile mit gleichem h nebeneinanderliegenden Cosinustriebe werden mit gleicher Frequenz angetrieben.

Als erstes werden die Amplituden C_{hk}, die zwar für die verschiedenen Cosinustriebe verschieden, aber innerhalb einer Aufgabe für alle Punkte xy dieselben

---

[2]) Man verwechsle die xy-Ebene (Projektionsebene für den Kristall mit den Koordinaten x, y) nicht mit dem hk-Feld für die Teilschwingungen!

sind, in jedem Cosinustrieb ein für allemal eingestellt. Im folgenden werden zur Berechnung der Schnittlinie $y = y_0 = 0$ sämtliche Teilschwingungen mit dem gleichen Anfangsphasenwinkel 0 erzeugt und addiert. Zur Bestimmung einer weiteren Schnittlinie, etwa $y = y_1$, wird in jeder Spalte der zu ihr gehörende Phasenwinkel $k y_1$ eingestellt. Bei Berechnung der Schnittlinie $y = \frac{1}{24} \cdot$ Periode werden z. B. spaltenweise die Phasenwinkel 15°, 30°, 45°, . . . gegen die erste Spalte eingebracht (Abb. 18). Die Vielfachen können durch Zahnradübersetzungen festgelegt werden, die für jede beliebige Schnittlinie in allen Spalten die richtigen Phasenwinkel zwangsläufig erzeugen.

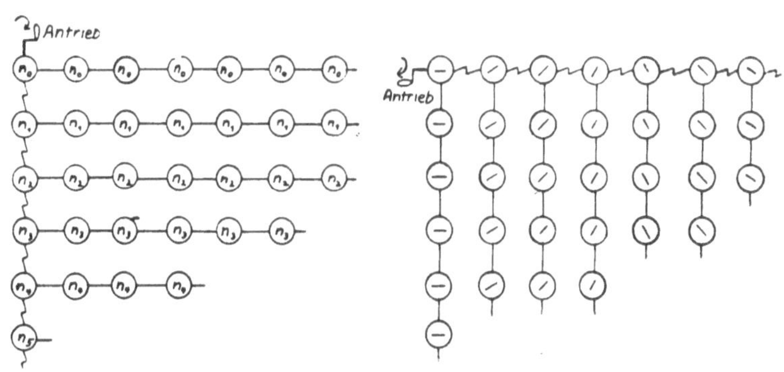

Gleiche Drehzahl für konstantes h Gleicher Phasenwinkel für konstantes k

Abb. 18. Anordnung der Cosinustriebe.

Das Kernproblem für die Gestaltung ist die Erzeugung der Teilschwingungen. Tauglich ist ein solches Gerät nur dann, wenn es schnell zum Ergebnis führt, weil zur genauen Festlegung der Synthesefläche viele Schnittlinien gezeichnet werden müssen.

232 Mechanische Überlagerer

Als Cosinustriebe könnten die vom eindimensionalen mechanischen Überlagerer bekannten Kurbelschleifen dienen. Ein Überlagerer zur zweidimensionalen Synthese wurde von Robertson [27] vorgeschlagen: Durch viele, in einer Ebene angeordnete und geeignet verbundene Kurbelschleifen sollen die Teilwellen hergestellt und alle Ordinaten fortwährend addiert werden. Die Koeffizienten sind an den Kurbelradien einzustellen. Abgesehen vom großen Umfang, den ein solches Gerät einnehmen würde, wäre die Bedienung beim Einstellen der vielen Koeffizienten an den Kurbeln sehr umständlich und mühsam.

Nach der anschaulichen Darstellung der zweidimensionalen Synthese durch „Überlagerung" von „Wellflächen" (s. Abb. 5 S. 7) liegt der Gedanke an ein Lösungsgerät nahe, bei dem alle zu berücksichtigenden Teilwellen in Gestalt von Wellflächen der Amplitude 1 wirklich vorhanden sind. Zur Synthese müssen alle Flächen durch Fühlstifte an gleicher Stelle xy abgetastet und ihre Ordinaten addiert werden, nachdem sie mit dem Koeffizienten, z.B. durch einstellbare Hebelübersetzung, multipliziert sind. Beim Abfahren der Fläche läßt sich die Überlagerungskurve längs einer in beliebiger Richtung und beliebiger

Form gezogenen Schnittlinie leicht stetig aufzeichnen – ein sehr wünschenswertes Ergebnis. Die Herstellung eines solchen Gerätes scheitert jedoch schon für zweidimensionale Synthese an der Vielzahl der benötigten Wellflächen sowie an der geringen Genauigkeit des Summationsergebnisses, da schon die einzelnen Flächen kaum auf 1% genau hergestellt werden können.

Wegen der hieraus ersichtlichen Mängel der geringen Genauigkeit und des großen Platzbedarfs, die mehr oder weniger allen mechanischen Geräten eigen sind, wird verzichtet, näher auf die Möglichkeiten der Verwertung der am eindimensionalen Fall gezeigten mechanischen Überlagerungsverfahren für die zweidimensionale Synthese einzugehen.

233 Überlagerung mittels elektrischer Frequenzmodulation

Das in 231, S. 35 beschriebene Verfahren der Addition von Teilschwingungen zum Gewinnen von Schnittlinienbildern ist vorteilhaft auszugestalten nur mittels der S. 20 angedeuteten elektrischen Überlagerung nach dem Prinzip der Frequenzmodulation [1]. Diese gestattet sehr schnelle und bequeme Synthese, da für eine Schnittlinie alle Teilschwingungen gleichzeitig erzeugt und überlagert werden und keine anderen Vorarbeiten notwendig sind, als ein für allemal für sämtliche Abszissenwerte die Koeffizienten in Drehpotentiometern einzustellen, entsprechend einer „waagrechten Arbeitsrichtung“. Dieses meines Wissens neuartige Verfahren soll im folgenden eingehender beschrieben werden, da es als beste Lösung gerätemäßiger zweidimensionaler Fouriersynthese erscheint.

2331 Grundlage

Man speist in einem Wechselstrom-Fernübertragungssystem[23]) den Läufer mit einer Trägerfrequenz von 500 Hz. Dadurch wird in einer der drei unter 60° stehenden Ständerwicklungen eine Spannung derselben Frequenz induziert, deren Größe dem Sinus des Winkels zwischen Läufer- und Ständerwicklung proportional ist. (Die zusammengefaßten beiden anderen Wicklungen liefern gleichzeitig den Cosinus dazu.) Bei langsamem Umlauf erhält sie eine Modulation in Sinusform, deren Amplitude proportional dem Läuferstrom ist. So kann man Sinusschwingungen verschiedener Frequenzen, Amplituden und Phasenlagen als Modulation der Trägerschwingung gewinnen und auch auf einem Oszillographenschirm sichtbar machen. Die Überlagerung derartiger Teilschwingungen geschieht durch einfache Spannungsaddition.

2332 Geräteaufbau

Die zur Synthese notwendigen etwa 100 Fernübertragungssysteme werden auf einer Platte so angeordnet, daß in jeder Zeile 15, in jeder Spalte 13 Systeme Platz finden. Die Wellen der Systeme werden über Zahnräder angetrieben, wobei innerhalb jeder Zeile alle 15 Systeme gleiche Drehzahl erhalten. Die oberste Zeile (für $h = 0$) erhält keinen Antrieb, die Wellen der Systeme sind festgelegt. Die weiteren Zeilen ($h = 1 \ldots 12$) erhalten die Drehzahlen 120/min = 2 Hz,

---

[23]) Askania-Werke, Berlin-Friedenau, und Avog, Holland und Mühlschlegel, Bühlertal in Baden. System Nr. 127—205 B.

240/min = 4 Hz, 360/min = 6 Hz usw. bis 1440/min = 24 Hz in der Zeile $h = 12$. Dieser Antrieb geschieht von einem Synchronmotor mit großer Leistungsreserve über möglichst spielfreie Schraubenräder aus Kunststoff, deren Lagerung in einer Platine erfolgt.

Als Systeme verwendet man solche mit Schleifringkontakten am Ständer, um beliebig oftmals ohne Rücksicht auf die Stromzuführung verschwenken zu können. Sie werden in Lagertöpfe eingesetzt, in denen sie schwenkbar sind und die gleichzeitig die Systeme gegeneinander elektrisch abschirmen. Diese Lagertöpfe sind in eine zweite Platine eingesetzt, die ihrerseits noch die Zahnradgetriebe zur Schwenkung der Systeme entsprechend den Phasenwinkeln trägt. In jeder Spalte ist der gleiche Schwenkwinkel zu bilden. Die Systeme der ersten Spalte werden festgelegt und erhalten keine Phasenwinkel. Die Systeme in den weiteren Spalten erhalten je den 1-, 2-, 3-, . . . , 14fachen Schwenkwinkel, der von Hand über eine Kurbel oder auch motorisch eingebracht werden kann. Eine Skala muß hierbei den Phasenwinkel in Winkelgraden oder – gleichbedeutend – den Index k der y-Schnittlinie sowie besonders hervorzuhebende Teile (144stel, 72stel, 48stel, 36stel) des Vollwinkels abzulesen gestatten. Bei motorischem Antrieb geschieht die Schwenkung über ein Schrittschaltwerk um je ein 144stel = 2,5°. Die Frequenz der Umschaltung ist kleiner als die Kippfrequenz, d. h. als die der Aufzeichnung einer Zeile auf dem Oszillographenschirm zu bemessen, d. h., es muß bei jeder Winkelstellung mindestens ein voller Durchlauf der Schnittlinie erfolgen.

Wählt man, wie später ausgeführt, die Kippfrequenz zu 2 Hz und zeichnet man zur Sicherheit zwei volle Durchläufe einer Schnittlinienzeile vor der Weiterschwenkung zum nächsten Index, dann braucht die Synthese einer Schnittlinie 1 sec, für einen vollen Durchlauf von 144 Schnittlinien also kaum mehr als zwei Minuten.

Vor den beiden Platinen mit Antrieb und Schwenkgetriebe ist eine Deckplatte anzuordnen, die für jedes System eine Phasenwinkelteilung zeigt und die Bedienungsknöpfe für die Amplitudeneinstellung, Schalter usw. trägt. Die Amplituden der Teilschwingungen werden durch die Bemessung des Erregerstroms eingebracht. Dazu sind je ein Grob- und ein Feindrehpotentiometer notwendig; zur Messung wird eine Stöpselleitung vom Meßgerät in eine Buchse an jedem System eingesteckt.

Zur Addition der Einzelspannungen schaltet man je eine Ständerwicklung der Systeme mit abgeschirmten Leitungen hintereinander und an den Oszillographen. Durch je einen Schalter können nicht benötigte Systeme mit der Amplitude 0 von der Erregung und der Sammelleitung abgetrennt werden.

2333 Bemessung der elektrischen Vorgänge

Von der Trägerschwingung von 500 Hz werden bei einer Kippfrequenz von 2 Hz des Oszillographen bei jedem Durchlauf des Schirmbildes 250 Perioden gezeigt. Bei einer Schirmbreite von 70 mm werden nur die Extremalstellen, d. h. die Umkehrpunkte, deutlich sichtbar. Diese liegen 70/250 = 0,28 mm auseinander, fließen also zu einem aus Punkten aufgebauten Begrenzungsstrich zusammen. Wird die 500 Hz-Spannung mit einer Sinusschwingung oder einer

Summe aus solchen moduliert, deren höchste Frequenz niedrig ist gegen 500 Hz, dann wird die modulierende Spannung im Schirmbild gut wiedergegeben. Die Kippfrequenz ist der Frequenz der Grundschwingung der Modulation gleich zu halten, so daß sich im Schirmbild eine Periode zeigt. Die Periode der 12. Harmonischen, die als höchste vorkommt, ist 70/12 = 5,83 mm lang und wird daher noch mit rund 20 Leuchtpunkten dargestellt, was bei den geringen Amplituden der höheren Harmonischen zulässig ist (Abb. 19).

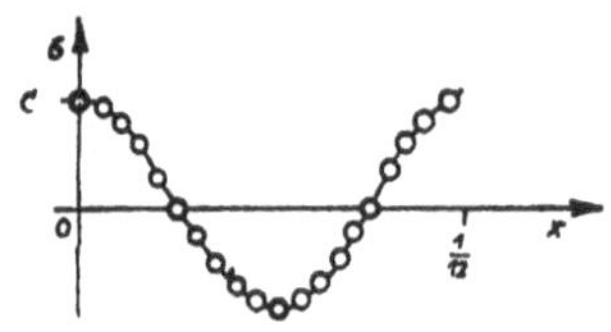

Abb. 19.
Darstellung der 12. Harmonischen.

Die modulierte Spannung liefert auf dem Leuchtschirm ein zur Null-Linie symmetrisches Bild mit zwei Begrenzungskurven (Abb. 20), bei dem ein Vorzeichen nicht in Erscheinung treten kann. Bei der Anwendung für kristallchemische Untersuchungen spielt das keine Rolle, weil die Elektronendichte nie negativ ist. Es ist hierbei vorteilhaft, durch senkrechte Verschiebung des Bildes die untere Hälfte verschwinden zu lassen und die obere entsprechend größer aufzuzeichnen.

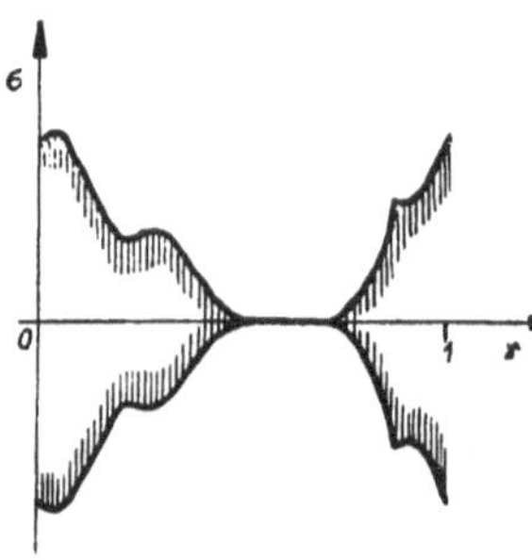

Abb. 20.
Nichterkennbarkeit des Vorzeichens.

[Wenn in anderen Anwendungsfällen negative Synthesewerte vorkommen können, dann muß der Summenspannung noch eine konstante und phasengleiche 500 Hz-Spannung zugeführt werden, deren Amplitude größer ist als die größtvorkommende „negative" Summenspannung. Dann wird die Achse wiederum gesenkt, so daß die untere Hälfte des Bildes wegfällt und nur noch eine Begrenzungskurve sichtbar bleibt (Abb. 21 u. 22).]

Die Schnittlinienbilder werden bei Bedarf photographisch registriert. Macht man die Aufnahmen mehrerer benachbarter Schnittkurven auf das gleiche Negativ, das zwischendurch geeignet verschoben wird, so kann man eine Parallelprojektion herstellen (Abb. 23), die ein anschauliches Bild der Ergebnisfläche liefert.

Wünscht man statt der achsenparallelen Schnittlinien solche in beliebiger Schrägrichtung durch die Gitterebene, dann kann durch eine zusätzliche elektrische Schalterblende, die mit nicht rationalem Drehzahlverhältnis im Vergleich zur Drehung der Systeme umläuft, in jeder Schnittlinienzeile das gesamte Schirmbild bis auf eine Ordinate unterdrückt werden, wobei diese eine sichtbare Ordinate von Schnittlinie zu Schnittlinie um einen gleichen Abszissenschritt weiterrückt. Der Schirm des Elektronenstrahl-Oszillographen muß dann länger nachleuchtend gewählt werden (Abb. 24).

2334 Einstellung der Amplituden

Die im Höchstfall vorkommenden etwa 100 Syntheseglieder dürfen mit ihrer Summe die Schirmhöhe höchstens ganz ausleuchten. Jedes einzelne darf daher, etwa gleiche Spannungsamplituden angenommen, ein Schirmbild von 0,7 mm Amplitude erzeugen.

Jede Amplitude wird am zugehörigen Fernübertragungssystem durch Einstellen des Ankerstroms erzeugt. Dazu wird im Stand jedes System einzeln auf den Oszillographen geschaltet und durch je ein Grob- und Feinpotentiometer der Ausschlag der nicht modulierten Trägerspannung bei Phasenverschiebung 0

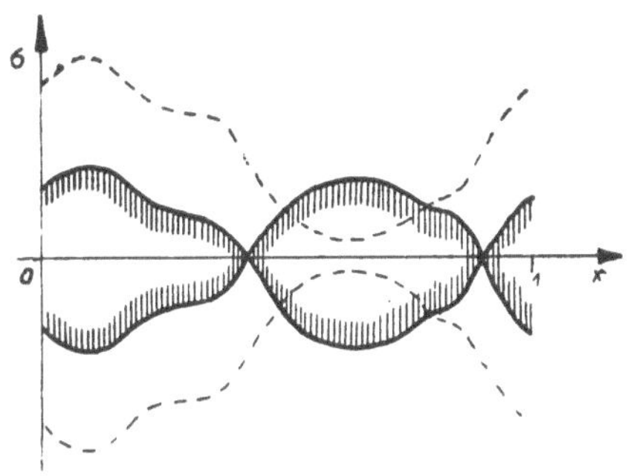

Abb. 21.

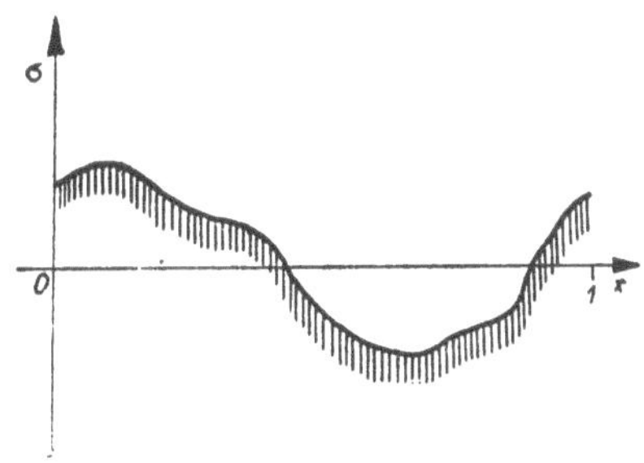

Abb. 22.

Addition einer nicht modulierten Trägerschwingung gibt erkennbares Vorzeichen.

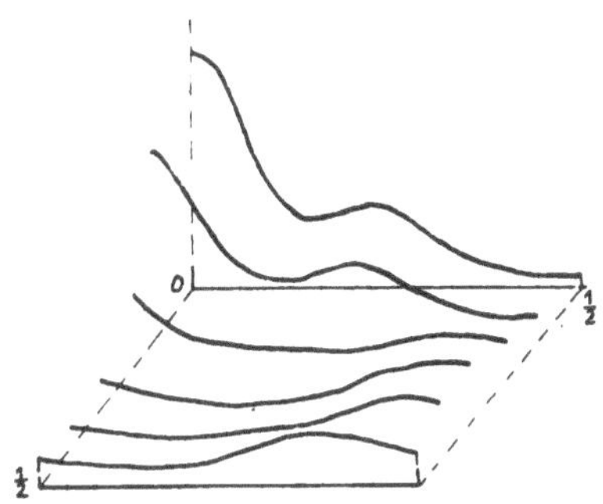

Abb. 23. Schnittlinien in Parallelprojektion.

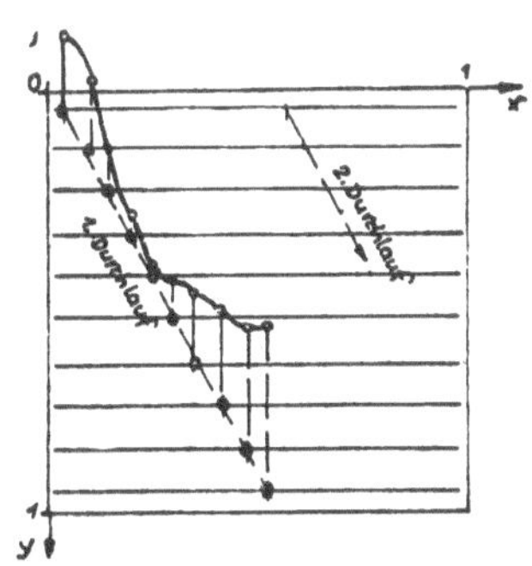

Abb. 24. Schräglaufende Schnittlinie.

auf einer Skala des Schirms in der durch C_{hk} gegebenen Größe eingestellt. Dies erfolgt bei voller Ausnutzung der Schirmhöhe mit etwa 100facher Genauigkeit, wenn man nachher bei der Überlagerung einen Spannungsteiler vor den Oszillographen schaltet.

Falls einige Harmonische eine über das Mittelmaß der anderen weit herausragende Amplitude haben sollten, wodurch die Einstell- und Überlagerungsgenauigkeit herabgesetzt würde, ist eine Teilung der größten Amplituden in je zwei kleinere vorzusehen. Dazu müssen dem Feld aller Cosinustriebe noch einige einzelne Systeme hinzugefügt werden, deren Antriebsfrequenzen durch Schaltgetriebe beliebig eingestellt werden können. Mit ihnen werden die abgespalteten Restamplituden verarbeitet.

2335 Genauigkeit

Bei dem für tragbare Elektronenstrahl-Oszillographen üblichen Schirm von 70 mm Durchmesser und einem Leuchtfleck von knapp 1 mm² ist das Ergebnis auf 1—2% genau ablesbar. Die Einstellung der Amplituden dürfte demgegenüber bei Verwendung von Meßwiderständen keine größeren Fehler verursachen. Die Ungenauigkeit, mit der das einzelne System die Trägerfrequenz bei der Drehung des Läufers sinusförmig moduliert, ist bei der Fehlerangabe von 1—2% nicht berücksichtigt. Die Abweichungen von der genauen Sinusform bei der Modulation bewirken nur bei den niederen Harmonischen einen ins Gewicht fallenden Synthesefehler; hier können genau arbeitende Systeme ausgewählt werden. Bei der Trägerspannung ist genaue Sinusform nicht notwendig; im Gegenteil wird eine rechteckähnliche Schwingung die Umkehrpunkte besonders gut sichtbar machen.

Oszillographenröhren mit größerem Schirmdurchmesser – es gibt solche mit 36 cm Durchmesser und für noch größere Bilder mit Projektionseinrichtung – machen die Kurven genauer ablesbar. Auch Schleifenoszillographen ergeben größere Bilder. Unter Umständen müssen dann jedoch Kipp- und Grundfrequenz herabgesetzt werden, damit die Punktfolge genügend dicht bleibt. Bei stark nachleuchtenden Schirmen ist auch dann noch ein gut sichtbares Bild zu erwarten. Eine vielleicht vorhandene geringe Verzerrung des Schirmbildes, besonders in den Randgebieten, läßt sich durch eine Eichung und durch ein transparentes Deckblatt mit entsprechend gekrümmtem Koordinatennetz bei der Auswertung der Photos berücksichtigen.

2336 Gewinnung des Schichtlinienbildes

Das bisher beschriebene Synthesegerät liefert beliebig eng wählbare Schnitte $\sigma_0(x)$ durch die Fläche $\sigma = \sigma(x, y)$. Durch Umzeichnen läßt sich aus mehreren Schnittkurven auch das Höhenlinienbild und der Funktionsverlauf in beliebiger Richtung gewinnen. Beides ist wertvoll und notwendig zur Beurteilung der Art der Bindung zwischen den Atomen.

Der im folgenden beschriebene weitere Ausbau (Abb. 25) des zweidimensionalen Überlagerers ermöglicht es, auch das Höhen- oder Schichtlinienbild selbsttätig zu erzeugen, wodurch man das Umzeichnen erspart.

Die Summenspannung wird jetzt nicht im Oszillographen aufgezeichnet, sondern mittels eines Schwingspiegelsystems (das in seiner Eigenfrequenz so abgestimmt ist, daß die Trägerfrequenz nicht mehr in Erscheinung tritt) nach Art eines Lichtmarkengalvanometers auf eine transparente Skala als linearer, zeitlich veränderter Ausschlag eines Spaltblendenbildes projiziert. Die Skala ist durch undurchsichtige Streifen in getrennte gleich große Leuchtfelder eingeteilt, deren Breite sich nach der Spaltweite des Lichtzeigers richtet, deren Anzahl aber möglichst groß sein soll. Bei jeder Änderung der Summenspannung wird also der Lichtzeiger abwechselnd abgedeckt und freigegeben, in um so schnellerer zeitlicher Folge, je steiler der Verlauf der entsprechenden Synthesekurve an dieser Stelle wäre.

In den Strahlengang des Lichtzeigergerätes wird (unter Umständen hinter einer Sammeloptik) eine Photozelle angebracht, deren Photostrom über einen elektrischen Verstärker eine Glimmlampe oder eine sonst geeignete Entladungslampe jedesmal dann zum Aufleuchten bringt, wenn die Zelle einen Wechsel zwischen Licht und Dunkel vermerkt. Das Aufblitzen der Glimmlampe erfolgt also im gleichen Takt wie das Übergehen des Leuchtzeigers von einem Skalenfeld in ein benachbartes; ob höher oder tiefer, wird nicht unterschieden.

Die Lampe wird von einem Objektiv auf einer Photoplatte abgebildet, die während eines Durchlaufs der Synthese durch die x-Periode um ihre Breite waagrecht parallel verschoben wird, in der gleichen Frequenz, wie die Kippung am Oszillographen vor sich geht, d. h. in der Frequenz der Grundschwingung. Auf der Platte wird also das Aufblitzen der Lampe zu einer linearen Folge von Punkten, deren Abstand der zeitlichen Folge entspricht und von denen jeder den Wechsel von einem Skalenwert zum nächsten kennzeichnet.

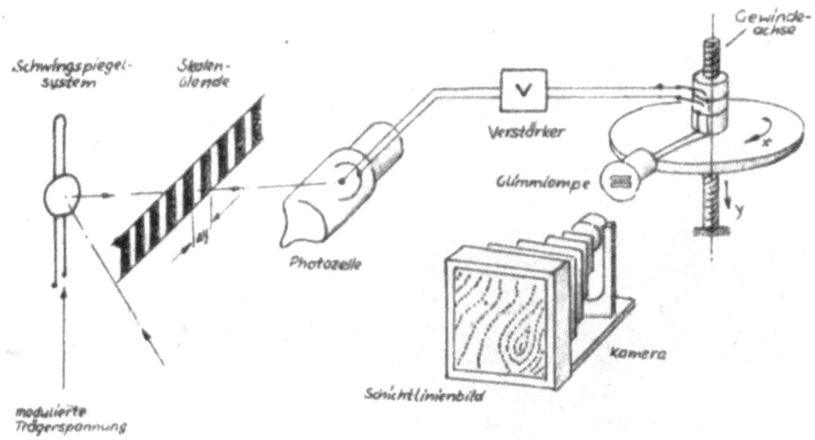

Abb. 25. Prinzip für die Gewinnung des Schichtlinienbildes.

Am Synthesegerät wird eine selbsttätige Änderung der Phasenwinkel durch einen Motor und ein Schrittschaltwerk derart vorgesehen, daß bei jedem neuen Durchlauf eine Schnittlinie für neues, um konstantes Δy verändertes y beschrieben wird. Vom gleichen Antrieb aus wird die Platte um jeweils ein kleines Maß senkrecht verschoben. Jede Schnittliniensynthese zeichnet also eine neue Zeile mit Punkten gleicher Ordinatendifferenz auf. Bei genügend geringer Zeilenhöhe (d. h. hinreichend kleinem Δy) schließen sich übereinanderstehende Punkte gleichen Ordinatenwertes zu Kurven zusammen. Es ergibt sich als Bild nach völligem Durchlauf aller Schnittkurven ein Schichtliniendiagramm der Ergebnisfläche $\sigma = \sigma\,(x, y)$ mit Linien für konstantes σ.

Die Arbeitsgeschwindigkeit der zuerst beschriebenen Schnittliniensynthese war zu 2 Hz angenommen, um auf nachleuchtenden Schirmen die einzelnen Schnittlinien als stehende Bilder gut erkennen zu können. Wenn das gesamte Schichtlinienbild (das, wie oben gezeigt, in etwa 2 min entsteht) noch beobachtet werden sollte, dann wäre ein äußerst stark nachleuchtender Schirm oder eine höhere Überlagerungsgeschwindigkeit notwendig, die aber zu unzulässigen Drehzahlen der Systeme führte. Besser ist es, sich wie eben bei der Erläuterung des Prinzips geschehen, auf photographische Aufnahme des Schichtlinienbildes zu beschränken. Der Zeitbedarf hierfür ist leicht abzuschätzen. Fordert man für das Schichtlinienbild die Größe 9×12 cm und eine Dichte von 4 Punkten je 1 mm², so daß die Schichtlinien an den „steilsten" Stellen 0,5 mm Abstand erhalten, und rechnet man weiter mit einer Belichtungszeit von $\frac{1}{20}$ sec für jeden Punkt, dann wird jede Zeile in 9 sec, das Schichtlinienbild in 36 min durchlaufen. Einschließlich der vorherigen Einstellung der 100 Koeffizienten wird also die Synthese in insgesamt ein bis zwei Stunden zur Aufnahme des Schichtlinienbildes führen.

Bei diesem hier in den Grundzügen angegebenen Verfahren zur Gewinnung des Schichtlinienbildes kann selbstverständlich konstruktiv einzelnes abgeändert werden. So ist es, anstatt die Platte der Aufnahmekamera in x- und y-Richtung zu verschieben, einfacher, die Lampe geeignet zu bewegen. Man kann sie mit weiteren parallel geschalteten Lampen auf dem Umfang eines Rades befestigen, das sich mit einem entsprechenden Bruchteil der Kippfrequenz des Oszillographen dreht, so daß immer abwechselnd das Abbild einer Lampe die Photoplatte in x-Richtung durchläuft. Gleichzeitig schraubt sich das Rad an seiner mit Gewinde versehenen Welle axial weiter, so daß dadurch die y-Verschiebung der Punktzeilen für verschiedene Schnittkurven erzeugt wird. Bei enger Reihung der Zeilen schadet dabei auch das auftretende Schrägliegen der Zeilen nicht der Genauigkeit.

Die Aufzeichnung des Schichtlinienbildes kann anders auch auf einem Oszillographenschirm erfolgen; hierbei ist die waagrechte und senkrechte Verschiebung des Leuchtpunktes besonders einfach zu bewirken. Auch ein normaler Fernsehempfänger läßt sich verwenden.

Die Skalenblende kann durch ungleich breite Felder oder durch ein zweites Blendensystem einzelne Ordinatenwerte, z. B. die Zehnerwerte, besonders hervorheben, so daß im Höhenlinienbild eine Zehnerschichtlinie etwa durch eine Doppellinie gekennzeichnet würde.

An Stelle der Glimmlampe läßt sich mit höherer Lichtleistung auch eine dauernd brennende Glühlampe verwenden, wenn sie von einer schwenkbaren Schlitzblende im Takte der Photozellenbelichtung abgedeckt wird. Eine zweite Blende kann hier die Zehnerwerte durch besondere Form des Lichtpunktes hervorheben.

Die von der Trägerfrequenz herrührenden mit 500 Hz erfolgenden Schwingungen des Lichtzeigers sollen (wie S. 39 erwähnt) schon bei dem Oszillographenbild der Schnittlinien $y =$ konst nicht hervortreten; nur die Begrenzungskurve soll durch die helleren Umkehrpunkte erkennbar werden. Bei der Verwendung eines Schwingspiegelgerätes wird der Beleuchtungslampe eine mit 500 Hz rotierende Schlitzblende vorgeschaltet, die nur in den Umkehrpunkten der Trägerschwingung den Strahl freigibt.

2337 Abmessungen

Die Abmessungen des Feldes der Cosinusgeneratoren werden bei Verwendung der kleinsten vorhandenen Systeme von 40 mm ⌀ und von je zwei Potentiometern mit 70 mm ⌀ etwa auf 1,2 × 3,0 m geschätzt werden können; ähnlich einem Verstärkergestell wird das Gerät frei aufgestellt. Die Oszillographenröhre mit dem Aufnahmegerät steht dabei gesondert in einem Meßpult.

2338 Weitere Anwendungsmöglichkeiten

Diese Anordnung von mehreren Wechselstromgeneratoren, die Spannungen gleicher Frequenz, aber verschiedener Amplituden und Phasenlage liefern, kann zur Auflösung von Polynomgleichungen [8, 37] verwendet werden. Dazu werden die Ständer in einer Spalte des Gerätes um vielfache Winkel verschwenkt, die Amplituden entsprechend den Koeffizienten eingestellt und die entstehenden Spannungen in je einem zweiten zusätzlich anzubauenden Potentiometer, dessen Abgriffe von einem Nocken mechanisch verstellt werden, mit den Potenzfaktoren multipliziert. Die Summe aller Teilspannungen wird gemessen und die Veränderlichen (Phasenwinkel und Potenzfaktoren) so lange variiert, bis alle Nullstellen der Polynomgleichung als Nullanzeigen des Meßgerätes erkannt sind.

Als zweites kann das Synthesegerät zum Lösen von Gleichungssystemen benutzt werden, wenn nur alle Koeffizienten an den Potentiometern eingestellt werden und die Spannungssumme an den Systemen jeder Zeile an je einem Meßinstrument beobachtet wird [38]. Wenn sämtliche Variationen der gegenseitigen Phasenstellungen durchlaufen werden, müssen sich die Kombinationen der variablen Phasenlage kenntlich machen, bei denen die Meßinstrumente in jeder Zeile den gewünschten Zahlenwert der rechten Seite anzeigen. Diese Durchmusterung kann automatisch ablaufen und die Lösung selbsttätig festgelegt werden.

24 Vollkontinuierliche Synthese

241 Optisches Verfahren

Zur direkten Überlagerung aller Teilwellflächen zu einer vollkontinuierlichen Synthesefläche wurde ein einziges durchführbares Verfahren vorgeschlagen, und zwar von Bragg [5]. Danach werden zur Summation alle notwendigen Teilwellen mit einer den Koeffizienten proportionalen Belichtungszeit (die Schwärzungskurve des Kopierpapiers ist jedoch zu beachten) auf ein und dasselbe Papier kopiert – nacheinander oder gleichzeitig (in einem umgekehrt arbeitenden „Planetarium")[24]). Dazu müssen alle Teilwellen von Abb. 6 in Gestalt von Dianegativen (Abb. 26) vorliegen, von denen jedes ein Muster von Streifen sinusförmig zu- und abnehmender Schwärzung, wie der unscharfe Schatten eines Lattenzaunes, aufweist. Diese Sammlung von Negativen, am besten in Gestalt eines Filmstreifens, kann man leicht herstellen, indem man wirklich eine unscharfe Projektion eines Gitters auf eine Mattscheibe unter allen erforderlichen Winkeln und Verkleinerungsverhältnissen (Abständen) photographiert (hierbei ist die Verlängerung der Belichtungszeit bei kleiner werdendem Abstand zu beachten). – So entsteht schnell und leicht ein zwar sehr anschauliches, aber wenig genaues Bild der Ergebnisfläche, in dem die Maximalstellen der Elektronendichte durch tiefste Schwärzung dargestellt sind (Abb. 26 unten und Abb. 27).

---

[24]) Das entspricht der „senkrechten Arbeitsrichtung", wie es Absatz 2b der S. 5 erläutert.

0,2

2,0

2,2

4,$\bar{1}$

1,$\bar{2}$

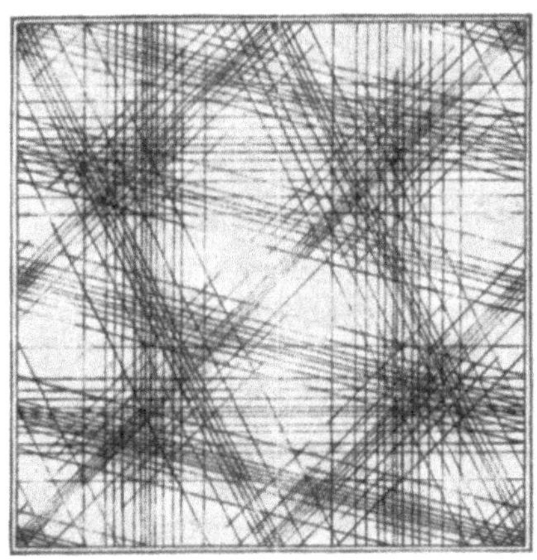

Abb. 26. Schematische Darstellung eines Bildes der Synthesefläche, wie sie sich durch Übereinanderkopieren der fünf in kleinerem Maßstab gezeichneten Teilwellen ergibt.

Die hier beschriebene Darstellung der zweidimensionalen Synthese führt vor Augen, daß auf diesem Wege auch eine Art von Bildreproduktion möglich ist, indem z.B. eine Landkarte in getönter Höhenschichtendarstellung oder Schummerung durch Zerlegen in zweidimensionale Fourierkoeffizienten „geschlüsselt" und diese ferngemeldet werden können, während am Empfangsort aus den Koeffizienten das Bild wieder aufgebaut wird.

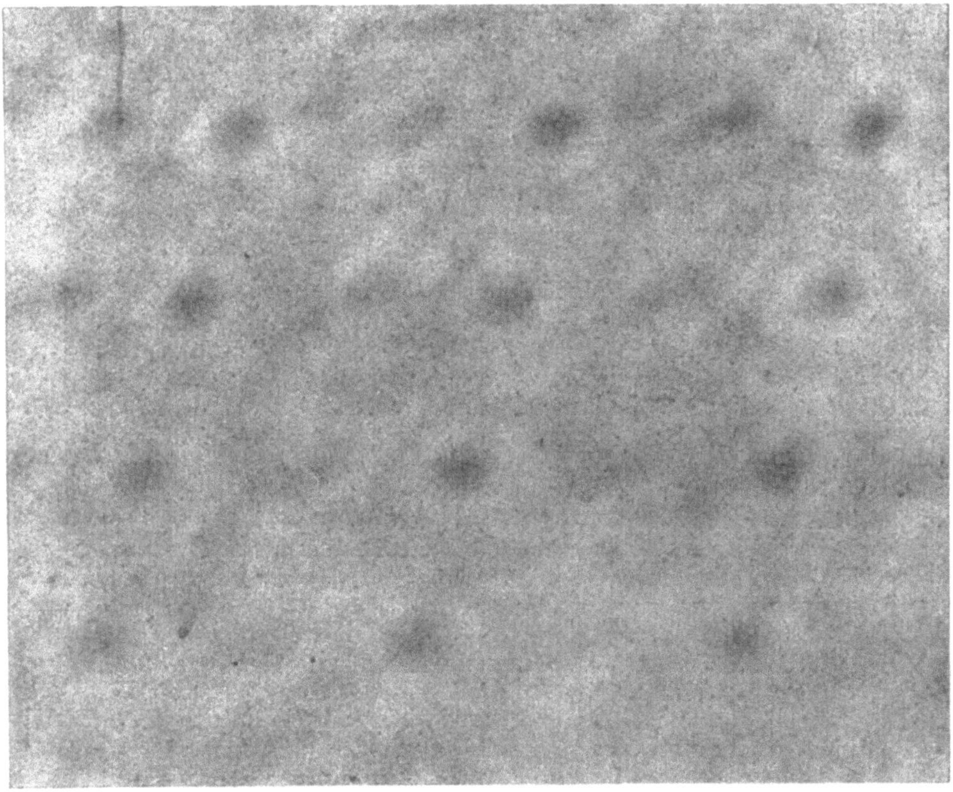

Abb. 27. Elektronendichteverteilung bei Diopsid in Projektion nach (010), gewonnen durch Übereinanderkopieren der Teilwellen (entnommen aus [5]).

242 Sandkastenmodell

In letzter Zeit wurde mit einem Gerät der Gedanke verwirklicht, Sand durch passende Gitter rieseln zu lassen, ähnlich wie bei der optischen Überlagerung von Lichtintensitäten, und das entstehende Dünengelände zu betrachten [39]. Auch mit durch Gitter gespritzten Lack- oder Metallschichten und ähnlichen Verfahren lassen sich Anschauungsmodelle in solcher geringsten Genauigkeit herstellen.

3 Dreidimensionale Synthese

Die dreidimensionale Synthese unterscheidet sich von der zweidimensionalen prinzipiell dadurch, daß sie mehr Sonder- und Unterfälle besitzt, also gleichsam mehr individuell behandelt werden will. Versucht man sie zu schematisieren oder zu mechanisieren, so verzichtet man von vornherein auf die in concreto stets sich bietenden, von Fall zu Fall verschiedenen Rechenvorteile.

In den meisten Fällen wird es möglich sein, selbst einen komplizierten Zusammenhang der Atome im Gitter und auch eine verwickelte Ladungsverteilung durch geschickte Wahl der Projektionsrichtung schon mittels zweidimensionaler Synthese zu erkennen. Auch wird man sich vorerst auf die Untersuchung solcher Verbindungen beschränken, bei denen zur Erschließung der Struktur die zweidimensionale Synthese ausreicht. Diese ist darum seither und wohl bis auf weiteres häufiger und wichtiger als die dreidimensionale. Trotzdem wurden die Arbeiten zur Aufbereitung der Syntheseverfahren auch auf die räumliche Synthese ausgedehnt, soweit diese nicht zu große Schwierigkeiten bietet. Darüber hinaus geben die im folgenden besprochenen Arbeiten an dreidimensionaler Synthese ein Bild von den hierbei durch den großen Umfang des Zahlenmaterials auftretenden Schwierigkeiten.

Es sei bemerkt, daß keine der wenigen die dreidimensionale Synthese betreffenden Veröffentlichungen den Rechenweg auch nur andeutet, der zum dreidimensionalen Ergebnisbild oder zur Zahlentafel geführt hat; wahrscheinlich deshalb nicht, weil einerseits den Bearbeitern die Rechnung gegenüber dem Ergebnis als unwesentlich zurücktritt, andererseits eine gewisse Tendenz zur Bewahrung selbsterarbeiteter Rechenmethoden zu herrschen scheint. Auch weichen die fachlichen Ausdrucksweisen der chemischen und der mathematischen Wissenschaft voneinander ab, so daß die seltenen Hinweise wenig gemeinverständlichen Aufschluß geben.

Instrumentelle Verfahren scheiden von vornherein wegen des erforderlichen Aufwandes aus. Außerdem würde die vollkontinuierliche Synthese, wenn sie schon durchführbar wäre, ja gerade das als Ergebnis liefern, was zuvor über die Röntgenaufnahme zu erkennen versucht wurde. Das praktisch bedeutsamste Ziel der Synthese, die Gewinnung der Elektronendichtewerte längs einer beliebigen Schnittgeraden durch den Raum, läßt sich durch einfaches Vervielfachen des entsprechenden zweidimensionalen Überlagerungsgerätes nicht erreichen. Es bleiben als einzig gangbare Lösungswege die zahlenmäßigen Verfahren zur Berechnung von einzelnen Gitterpunkten, aus denen nach und nach eine Kette oder ein Gitter aufgebaut werden kann, oder die optische Überlagerung, die ein Bild der Dichteverteilung in einzelnen Schnittebenen vermittelt.

31 Berechnung an einer einzelnen Stützstelle oder in einem Stützstellengitter

Ähnlich wie bei der zweidimensionalen Synthese bieten sich bei der dreidimensionalen zwei Möglichkeiten, rechnerisch die Elektronendichte in einem bestimmten Punkt zu ermitteln. Erstens kann man für jeden Strukturfaktor

F_{hkl} den Winkelfaktor $\cos 2\pi\,(hx + ky + lz) = \gamma_{hkl}$ herstellen und dann die Produkte $F_{hkl} \cdot \gamma_{hkl}$ aufsummieren; hierüber berichtet Abschnitt 3111. Zweitens aber kann man den Winkelfaktor γ_{hkl} durch goniometrische Umformung so herrichten, daß eine dreifache Winkelfunktion als Faktor auftritt, siehe Anhang 2.

311 Numerische Verfahren

3111 Winkelrechner

Zur Ermittlung der Funktion für einige wenige Punkte wird man den oben als ersten angegebenen Weg beschreiten, für jeden Strukturfaktor F_{hkl} das Produkt $F_{hkl} \cdot \gamma_{hkl}$ mit

(38) $$\gamma_{hkl} = \cos 2\pi\,(hx + ky + lz)$$

zu bilden und alle Produkte zu addieren[25]). Von Vorteil ist es, zunächst unter den γ_{hkl} nach solchen mit gleichem Zahlenwert zu suchen[26]), die zu ihnen gehörigen C_{hkl} zusammenzufassen und dann erst zu multiplizieren. Hierbei ist das Aufsummieren der vielen Glieder weniger zeitraubend als das Berechnen oder Auswählen der Winkelfaktoren γ_{hkl} nach den Werten der Indizes und Koordinaten. Es liegt daher nahe, erst einmal dieses zu mechanisieren. Vorausgesetzt ist dabei, daß x, y, z rationale Zahlen – mit nicht zu großem Nenner – sind.

Zur Berechnung eines Punktes (x, y, z) müssen diese festbleibenden Koordinaten x, y bzw. z mit allen gegebenen Indizes h, k bzw. l multipliziert und die Produkte addiert werden zu einem Winkel $(hx + ky + lz)$, dessen Cosinus gerätemäßig gebildet oder zahlenmäßig festgestellt und mit dem zugehörigen Koeffizienten multipliziert wird. Man kann diese Winkelberechnung rechnerisch ausführen; eine solche Arbeitsweise ist in 3114 S. 54 dargestellt. Besser ist es, sie mechanisch mittels je zwei Multipliziergetrieben (z. B. Staffelwalzen, Abb. 28) zu bilden, von denen das eine den Index (in der Stellung des Zahnrades gegeben) mit dem Koordinatenwert (durch die Anzahl der Staffelwalzenumdrehungen gegeben) multipliziert, während ein zweites davorgeschaltetes Getriebe je nach der Stellung des Koordinatenrades diese Umdrehungszahl aus einer einzigen Kurbeldrehung herstellt. Die so gebildeten Produkte werden durch Differentiale addiert.

Dieser „Winkelrechner" läßt sich in zweifacher Art ausnutzen: Er kann zum einen dazu verwendet werden, von Fall zu Fall für jeden Koeffizienten den Winkelfaktor zu berechnen, danach eine Multipliziereinrichtung zu steuern und so als Teilglied eines Synthesators dienen (Abschnitt 3112). Als zweites aber können mit ihm im voraus für alle Gitterpunkte (x, y, z) der Kristalle zu den Indizes h, k, l die Winkelfaktoren γ festgelegt und weiter alle Indizes, die zu gleichen γ führen, in einer Liste zusammengefaßt werden (Abschnitt 3113). Wenn diese Zuordnung einmal völlig festgelegt ist (was sich im Laufe der Zeit

[25]) Solche „dreidimensionalen" Phasenfaktorentafeln werden wohl kaum rentabel, auch wenn das zu berechnende Punktgitter sehr weitmaschig angelegt wird. Jede einzelne Tafel müßte drei Eingänge bekommen, wäre also für sich schon ein Buch. Anders jedoch die Phasenfaktorentrommel, s. S. 30.

[26]) Wenn die Werte von h, k, l rationale Bruchteile von 1 mit kleinem Nenner sind, lohnt sich dies immer.

auch aus der rechnerischen Lösung ergibt), dann brauchen für weitere Synthesen lediglich für jeden Punkt (x, y, z) die nach dieser Liste wegen gleichen γ zusammengehörigen Koeffizienten verschiedener h, k, l addiert, mit den betreffenden γ multipliziert und die Produktsumme gebildet zu werden. Da diese Zuordnungsliste aber, der Vielzahl der Gitterpunkte entsprechend, umfangreich ist, wird vorerst nur der erste Weg gangbar sein und die Liste als erfreuliches Nebenergebnis dabei abfallen.

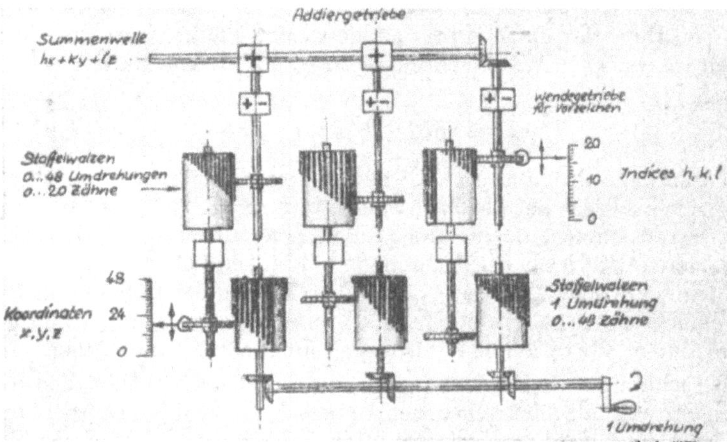

Abb. 28. Winkelrechner für $hx + ky + lz$ (in $^1/_{48}$-Schritten).

3112 Selbsttätiger Synthesator

Der Winkelrechner kann auf mehrere Arten zum Synthesator vervollständigt werden. Dem Summenwinkel des Winkelrechners proportional kann sich der Schwenkwinkel einer Meßrolle einstellen, die auf einer Walze abrollt. Wie im eindimensionalen Fall (S. 16) wird diese von einem Motor gedreht, und die Anzahl der Umdrehungen wird durch einen Einstellzähler geregelt. Zur Synthese eines Gitterpunktes sind also ein für allemal seine Koordinaten einzustellen, dann nacheinander jeder Koeffizient in den Einstellzähler und die zugehörigen Indizes in den Winkelrechner einzubringen. Die Meßrolle summiert alle Teilprodukte. Die aufeinanderfolgenden Rechengänge können durch Nockenscheiben oder dergleichen gesteuert und gegeneinander verriegelt sein.

Schneller als mit einer Schwenkrolle läßt sich das Produkt mit einem der üblichen Rechenmaschinengetriebe bilden, weil hier stellenmäßig und nicht durch einfaches Weiteraddieren multipliziert wird. Man kann also von dem eben beschriebenen Winkelrechner den Cosinuswert auf einer Ziffernscheibe anzeigen lassen und ihn mitsamt dem Koeffzienten in eine normale Vierspeziesmaschine eintasten. Man kann auch den Zahlenwert aus einem Cosinusspeicher in Gestalt eines endlosen Lochstreifens[27]) oder einer elektrischen Schaltung auswählen und automatisch in das magnetisch getastete Zahlenfeld der Rechenmaschine brin-

[27]) Wie S. 15 erwähnt, können als Lochstreifensteuergeräte die Locher und Empfänger von Fernschreibgeräten verwendet werden.

gen lassen (Abb. 29). Hat man vorher alle Koeffizienten mit ihren Indizes und Vorzeichen ebenfalls in einen Lochstreifen eingestanzt, dann kann der gesamte Ablauf der Synthese vollautomatisch vor sich gehen: Man stellt die Koordinaten des zu berechnenden Produktes am Winkelrechner ein und setzt den Vorschub der Lochstreifen in Gang. Dann werden von ihm aus nacheinander jeweils der Koeffizient in die Rechenmaschine und die Indizes in den Winkelrechner eingetastet, der den Winkelwert auch in die Rechenmaschine gibt. Zuletzt wer-

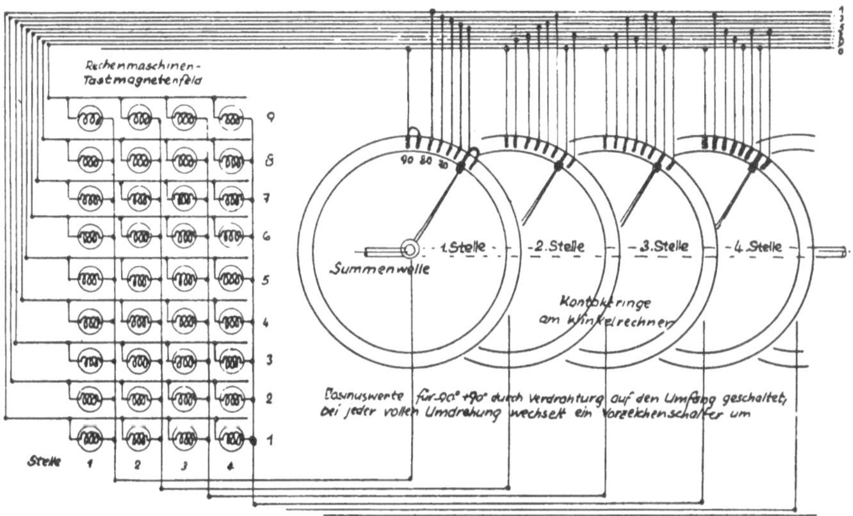

Abb. 29. An die Summenwelle des Winkelrechners anzusetzendes Kontaktringsystem zur Steuerung von Tastmagneten über der Tastatur einer elektrischen Rechenmaschine. Eingezeichnet ist die Verdrahtung von $\cos 60° = 0{,}5000$.

den beide Faktoren multipliziert. Die Produkte mehrerer solcher Schritte werden aufsummiert zum Syntheseergebnis.

Ein solches Gerät würde selbsttätig, schnell und mit beliebiger Stellenzahl rechnen, jedoch nur für eine durch die Konstruktion des Multipliziergerätes und des Cosinusgebers festgelegte Maschenweite von gleichabständigen Gitterpunkten.

3113 Verwendung von Buchungsmaschinen

Die mit dem Winkelrechner im voraus gefertigte Liste der Zuordnung der γ_{hkl} zu den C_{hkl} für jeden Punkt (x, y, z) kann (auch im zweidimensionalen Fall) in Lochstreifenform niedergelegt sein, von dem aus dann die in einem Speicherwerk eingestellten Koeffizienten ausgewählt und zusammengefaßt werden.

Solange ein solcher Speicher nicht vorhanden ist und nur mit einer Rechenmaschine gerechnet werden muß, wird die Liste besser so aufgestellt, daß nicht alle zu einem γ_{hkl} gehörenden C_{hkl} aus der Koeffizientenliste mühsam ausgesucht werden, sondern daß die C_{hkl} nach Indizes h und k geordnet und mit steigendem l der Reihe nach angerufen werden und angegeben wird, welches γ_{hkl} sie erhalten. Zur Durchführung der Synthese nach dieser Art eignet sich die Buchungsmaschine.

Man ordnet jedem Teilschritt, bei 48 Teilen also jedem Vielfachen von 7,5°, eines der 4- bis 16stelligen Zählwerke zu, von denen bei einigen Typen von Buchungsmaschinen[28]) bis zu 50 Stück an der Vorderseite des (bis zu 85 cm breiten) Wagens angebracht werden können, in das alle zugehörigen Koeffizienten eingebracht und addiert werden. Vorausgesetzt sei, daß die Periode des Kristallgitters in eine passende Anzahl von Schritten äquidistant unterteilt ist.

Die Liste über die Zuordnung jedes Koeffizienten mit den Indizes h, k bzw. h, i, k und mit verändertem $|l|$ zu den Winkelfaktoren ist jetzt nicht einmal im vollen Umfang notwendig; es bedarf nur der Kenntnis des Anfangswertes für $|l| = 0$ und der Winkelschrittfolge für steigende l (Abb. 30). Man kann dann leicht in der Anfangsstelle des Buchungsmaschinenwagens sowohl den Koeffizienten für $|l| = 0$ eintippen als auch von da aus (in den durch den Tabulator festlegbaren Zählwerkspalten) die weiteren Koeffizienten, die zu steigendem $|l|$ gehören (Abb. 30).

Bei dem Übergang von einer Koeffizientengruppe zu einer mit anderen Werten der Indizes h, k bzw. h, i, k ändert sich nur die Anfangsstellung des Wagens und unter Umständen die Schrittfolge, d. h. der Rhythmus der Aufeinanderfolge von Zahlen- und Leerspalten. Die Koeffizienten, die einander gleich sind und sich durch Multiplikation mit absolut gleichen Phasenfaktoren entgegengesetzten Vorzeichens herausheben, können allenfalls in jeder Gruppe von vornherein ausgeschieden werden. Sobald alle vorhandenen Koeffizienten eingebracht sind, steht in jedem der Zählwerke die Summe der mit dem für jedes Zählwerk geltenden Winkelfaktor zu multiplizierenden Koeffizienten. Diese Multiplikation muß zum Schluß auf einer Vierspeziesmaschine geschehen. Die Produktsumme ergibt den gesuchten Synthesewert.

Die Koeffizienten müssen zuvor in einer leicht ablesbaren Tabelle mit ihren Vorzeichen und Indizes vollzählig aufgeschrieben und möglichst durch ein Hilfsmittel, etwa ein verschiebliches Deckblatt mit einem Ausschnitt, ohne Irrtum ablesbar gemacht sein.

Dieses Verfahren gestattet leichte Kontrolle des Rechnungsganges dadurch, daß in jeder Spalte alle Koeffizienten und die Spaltensummen aufgeschrieben und Schreibfehler schnell gefunden werden. Außerdem läßt sich mit den Querwerken der Buchungsmaschinen die Summe aller Koeffizienten bilden, die bei der Syntheseberechnung für jeden Gitterpunkt dieselbe sein muß, was ebenfalls eine gute Kontrolle bietet.

Das Rechnungsverfahren sei an Hand der in Abb. 30 eingetragenen, als Beispiel geltenden Zahlen erläutert.

Die Periode in x- und in y-Richtung ist je in 12 Teile geteilt, und je eines der 12 Senkrechtzählwerke der Buchungsmaschine einem Vielfachen von 30° zugeordnet. Die Winkelfaktoren sind demnach 1; 0,866 . . .; 0,5; 0; — 0,5 usw. Zu jedem Zählwerk werden in der betreffenden Spalte des Rechenformulares alle zu diesem Winkelfaktor gehörenden Koeffizienten geschrieben, und zwar in Zeilengruppen von gleichem h, i, k, mit Spaltenabständen, die dem Index l entsprechen. Es zeigt sich als vorteilhaft, unter Umständen das Vorzeichen des Koeffizienten zu wechseln und dafür in die Spalte des Winkelfaktors gleichen Betrages, aber anderen Vorzeichens zu gehen, um eine günstige Folge der Koeffizienten mit steigendem l zu erhalten. Dieser Vorzeichenwechsel kann durch

[28]) Zum Beispiel Mercedes Volltext-Buchungsmaschine Addelektra.

Dreidimensionale Fouriersynthese für Punkt
mittels Buchungsmaschine

von

Bearbeiter Dat. ....

Für steigenden Index l werden die Koeffizienten C_{hk} in folgende Zählwerkspalten eingetastet:

Nr.	1	2	3	4	5	6	7	8	9
Winkel	0	30	60	90	120	150	180	210	240
Faktor	1	0,866...	0,5	0	−0,5	−0,866...	−1	−0,866...	−0,5
Indizes *h, i, k*	*/0 → ±3/*	*bedeutet:*		*1*			*2*		
	4			*5*			*6...*		
	Tabulatorschritt: 3			*−1*			*−2*		
						/0 → +2/		*1*	
		4		*5*		*6...*			
	Tabulatorschritt: 2							*/0 → −2/*	
		−3		*−4*		*−5...*			
usw.									

Zu vermerken sind nur die schraffierten Anfangsstellen, z. B. 0 → ± 3 der Zählung für $l = 0$, der Richtungssinn (→) für positiv (+) und negativ (−) steigenden Index l und die Schrittweite (3) der Fortschaltung, die an der Tabulatorleiste des Buchungsmaschinenschlittens eingestellt wird.

Abb. 30.
Vordruck zum Eintasten der Koeffizienten in zugeordnete Zählwerke einer Buchungsmaschine.

entsprechende Einstellung der die Zählwerke steuernden „Stops" geschehen, so daß die Koeffizienten mit ihrem wirklichen Vorzeichen eingetippt werden können. Eine Tabelle der im voraus errechneten Vielfachen der Strukturamplituden kann außerdem die mehrfache Addition ersparen.

Müßte die Unterteilung der Periode in mehr Schritte vorgesehen werden, als die Maschine Zählwerke besitzt, dann ließe sich natürlich auch mit den Beträgen der Winkelfunktion für die Halb- oder Viertelperiode auskommen; jedoch wird dann die Zuteilung in die Spalten weniger einfach und die Schreibanleitung unbequemer.

Die beschriebenen Möglichkeiten, mehrdimensionale Synthese maschinell auszuführen, haben einen Mangel gemeinsam: Die Mechanisierung läßt sich nur mittels eines vergleichsweise hohen Aufwandes an Konstruktionsarbeit oder an Vorrichtungen und Vordrucken so weit treiben, daß sie als einigermaßen narrensicher gelten kann. Auch bei weitergehender Automatisierung wird es unvermeidbar sein, daß vor der Durchrechnung eines konkreten Beispiels das „Sichhineindenken" für die Bedienung Mühe macht und Fachkenntnisse erfordert. Dieser Mangel dürfte eine wesentliche Rolle spielen, wenn es gilt, bei einer Maschine oder einem Hilfsmittel für mehrdimensionale Synthese über die Wirtschaftlichkeit zu entscheiden. Diese ist meines Erachtens nur dann gewährleistet, wenn Syntheserechnungen in sehr erheblicher Anzahl auszuführen sind.

3114 Rechnerisches Verfahren

Der Winkelrechner und die auf ihm aufgebauten weiteren teilweise selbsttätigen Verfahren lassen eine rein rechnerische Lösung als unvorteilhaft zurücktreten. Trotzdem sei eine Rechenanweisung im folgenden gegeben:

Vorarbeit:

Als erstes werden alle aus der physikalischen Messung erhaltenen Strukturamplituden F in allen Permutationen ihrer Indizes h, k (bzw. h, i, k im hexagonalen System) und mit positiven und negativen l aufgeschrieben in nach Abb. 31 vorbereitete Formulare. Diese Liste ist recht umfangreich, da eine einzelne gemessene Strukturamplitude im allgemeinen an mehreren Stellen des Schemas vorkommt, nämlich je nach der Symmetrie des Kristallsystems mit verschiedenen Permutationen und verschiedenen Vorzeichen der Indizes. (Z. B. kommt im hexagonalen System der Zahlenwert von $F_{12\bar{3}5}$ insgesamt 24mal im Schema vor.) Wenn dabei unter Umständen mehrere Permutationen der Indizes gleich werden, dann brauchen diese nur einmal aufgeschrieben zu werden, wenn später die Koeffizienten F entsprechend vervielfacht eingesetzt werden.

Als zweites werden die Koordinaten x, y, z auf einen Hauptnenner p normiert, wobei p als gemeinschaftliches Vielfaches der Periodenteilanzahlen in x-, y- und z-Richtung gewählt wird. Dadurch hat man als „normierte Koordinaten"

$$x^* = px\,,\ y^* = py\,,\ z^* = pz \tag{39}$$

ganzzahlige Werte erhalten. Mit diesen werden für alle Indexgruppen von gleichem h und k im Schema von Abb. 31 die Ausdrücke $hx^* + ky^*$ berechnet und durch Hinzufügen von $\pm lz^*$ für jede einzelne Zeile der Zahlenwert $(hx^* + ky^* \pm lz^*) = m$ hergestellt. Wegen der Periodizität der Cosinusfunktion kann man die außerhalb des Intervalls $0 \ldots p/2$ liegenden Werte des Arguments m durch solche „reduzierte" Werte innerhalb dieses Intervalls ersetzen, für die $\cos \frac{2\pi}{p} m^* = \cos \frac{2\pi}{p} m$ ist. Alle Indexkombinationen, die in m^* übereinstimmen, führen daher zu demselben Winkelfaktor γ.

Dreidimensionale Fouriersynthese

von Rechenblatt

Bearbeiter Dat. .... Nr.

Berechnung der Punkte																			
„Normierte Koordinaten"																			
Indizes h, k h, i, k	l	Vorz. von F für $l > 0$	$l < 0$	Struktur-amplitude F	$hx^* + ky^*$	$+ lz^*$	$- lz^*$	$hx^* + ky^*$	$+ lz^*$	$- lz^*$	$hx^* + ky^*$	$+ lz^*$	$- lz^*$	$hx^* + ky^*$	$+ lz^*$	$- lz^*$	$hx^* + ky^*$	$+ lz^*$	$- lz^*$

Abb. 31.

Die Rechnung geschieht also an Hand des vorbereitend ausgefüllten ersten Vordruckes nach folgender Rechenanweisung:

1. Mit den ganzzahligen „normierten Koordinaten" x^*, y^*, z^* werden die Produktsummen $hx^* + ky^*$ zu jeder Indexgruppe mit gleichem h und k berechnet und auf Zahlen innerhalb von $0 \ldots p/2$ reduziert.
2. In jeder Zeile wird $+ lz^*$ und $- lz^*$ gebildet, dem zugehörigen $hx^* + ky^*$ hinzugefügt und die Summe m wieder auf m^* reduziert.
3. Für jeden Koeffizienten wird abgezählt, wie oft er insgesamt mit gleichen reduzierten Zahlen m^* vorkommt; jeder wird danach samt Vorzeichen und Vielfachheit zu m^* und dem zugehörigen Cosinuswert γ in den zweiten Vordruck „Summenblatt" (Abb. 32) eingetragen.
4. Zum Schluß werden für jedes γ sämtliche zugehörigen Strukturamplituden addiert und ihre Summe mit dem Winkelfaktor γ multipliziert. Die Summe dieser Produkte ist der gesuchte Synthesewert $\varrho(x, y, z)$ der Elektronendichte im Punkte (x, y, z).

Dieses rein rechnerische Bearbeiten des bei dreidimensionaler Synthese vorliegenden umfangreichen Zahlenmaterials ist recht mühsam und langwierig, wenn auch bei längerer Übung die stets vorhandenen Symmetrien und Periodizitäten offenbar werden und zu Erleichterungen ausgenutzt werden können.

Dreidimensionale Fouriersynthese

Summenblatt

von

Bearbeiter

Dat. .... Nr.

Zusammenfassung für Punkt (...), „normierte Koordinaten" (...)										
Hierzu gehören die Rechenblätter Nr.										
Vorz.	Koeffiz. F	(Vorz.	Winkelfaktor	mal) +	(Vorz.	Winkelfaktor	mal) +	(Vorz.	Winkelfaktor	mal) +

Abb. 32.

32 Bestimmung von Schnittebenen: optisches Verfahren

Das bei der Behandlung zweidimensionaler Synthese angedeutete Verfahren, durch Übereinanderkopieren von Teilwellflächennegativen die Ergebnisfläche im Bild zu erhalten, läßt sich für die dreidimensionale Synthese verwenden. Man gewinnt hier einzelne zu zwei Achsen parallele Schnittebenen durch den Ergebniskörper, wenn alle vorkommenden Teilschwingungen in Gestalt von Wellflächenbildern mit einer durch die Koeffizientengröße bestimmten Belichtungszeit übereinander kopiert werden, genau so, wie es bei der zweidimensionalen Synthese erläutert wurde. Die Schnittebenenbilder für verschiedene Höhenlagen z unterscheiden sich nur durch verschiedene Phasenlage der sie aufbauenden Wellflächen voneinander (vgl. Abb. 7). Um diese Phasenlage beim Kopieren leicht einführen zu können, zeichnet man zu jedem Wellflächenbild eine Teilung, die für jedes z das Maß der in einer Achsenrichtung oder in scheinbarer Fortschreitungsrichtung vorzunehmenden Verschiebung angibt, die der Phasenverschiebung lz entspricht (Abb. 33)[29]. Vor dem Übereinanderkopieren sind dann alle Teilbilder mit einem gleichbezifferten z-Punkt der Teilung für den Index l auf eine Marke des Kopierrahmens einzustellen.

Auf diese Weise erhält man recht schnell einen ungefähren Überblick über die Lage der Extremstellen, aber genauere Ergebnisse sind hier noch weniger zu erwarten als bei der zweidimensionalen optischen Überlagerung.

[29]) Anmerkung bei der Korrektur: die Schnittbilder für $l = 3$ sind fälschlich für $l = 2$ gezeichnet.

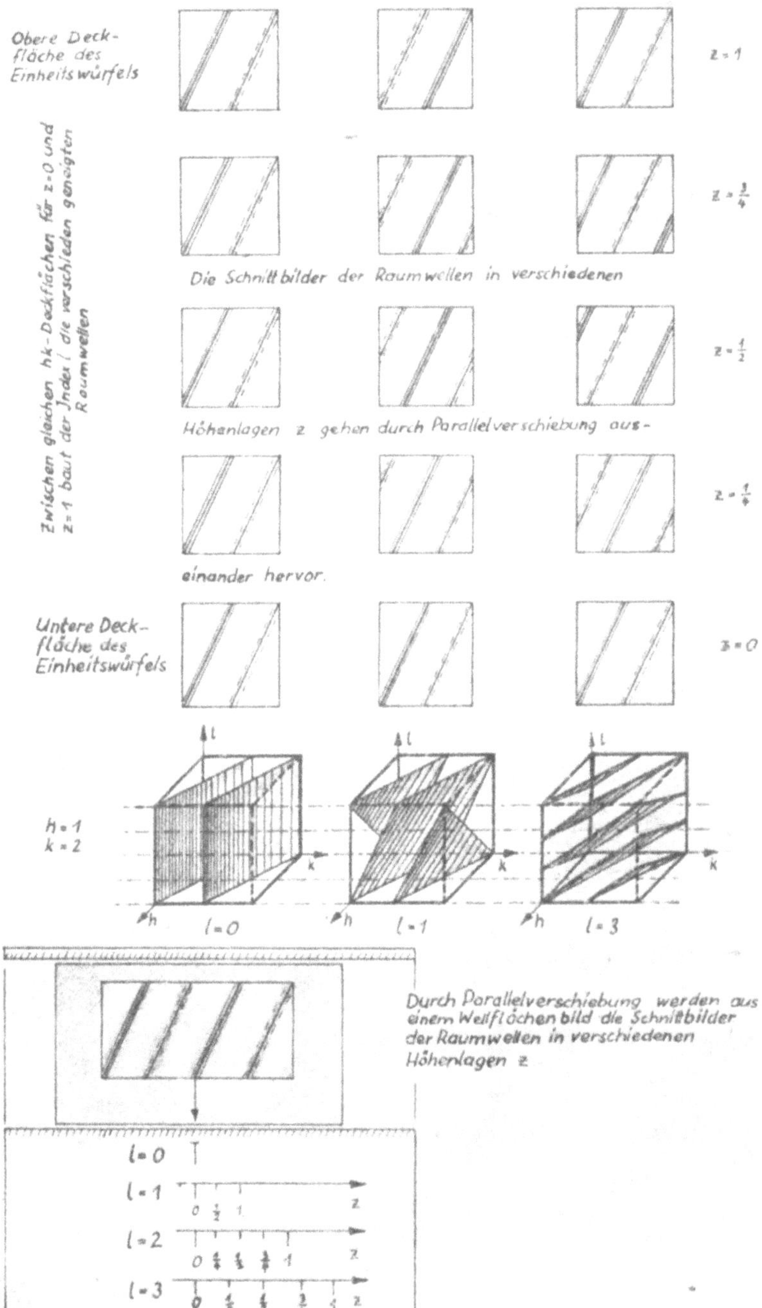

Abb. 33. Wellflächenbild mit Maßstäben zur Parallelverschiebung für die optische Überlagerung von Schnittebenen.

Die in Abb. 33 für Würfelkristalle skizzierte Art der Verschiebung der Teilwellen-Negative ist für andere Kristallsysteme sinngemäß abzuwandeln.

33 Räumliche Veranschaulichung

Als einzige Möglichkeit, eine großmaßstäbliche Nachbildung des dreidimensionalen Gitters so aufzubauen, daß die räumliche Struktur im groben erkennbar wird, erscheint eine Projektion der Teilwellen in Gestalt von parallelen Lichtflächen ähnlich Abb. 7, die durch Durchstrahlung von Gitterblenden mit richtig bemessenem Lichtstrom und unter richtigem Winkel gewonnen werden mögen. Die Stellen maximalen Lichtstromdurchsatzes werden sichtbar, wenn eine geeignet bemessene Trübung des Raumes durch leichteste Schwebepartikelchen eingeführt wird. Im einzelnen wird hierauf nicht eingegangen, weil ein solches reines Demonstrationsverfahren den Rahmen dieser Arbeit verläßt.

Zusammenfassung

Die vorliegende Arbeit versucht, die zum Erkennen der Elektronendichteverteilung in Kristallen notwendige zwei- und dreidimensionale Fouriersynthese anschaulich zu machen und so aufzubereiten, daß sie in rechnerischen oder gerätemäßigen, möglichst selbsttätigen Verfahren wirtschaftlich und schnell durchgeführt werden kann. Als besonders aussichtsreich wird für die zweidimensionale Synthese die elektrische Überlagerung mittels Frequenzmodulation breiter herausgestellt; weiterhin der Winkelrechner und der darauf aufbauende selbsttätige Synthesator für die dreidimensionale Synthese. Beide Verfahren konnten bisher jedoch erst vorbereitet werden. Die zur Entwicklung und Gestaltung notwendigen und schon gebauten Untersuchungsmodelle sind inzwischen vernichtet worden.

Den selbsttätig arbeitenden Synthesatoren ist auch deswegen noch besonderes Augenmerk zugewendet, weil sie außer für die Fouriersynthese auch zur Lösung von Polynomgleichungen und linearen Gleichungssystemen verwendet werden können. Beide Aufgaben stellen der rechnerischen Behandlung ähnliche Schwierigkeiten durch großes Zahlenmaterial entgegen wie die Fouriersynthese; ein Lösungsgerät würde auch hier vielfach erst die Möglichkeit schaffen, praktisch wichtige Probleme rechnerisch vorzubearbeiten.

Den an der mehrdimensionalen kristallographischen Synthese Interessierten wird nun anheimgestellt, dem Verfasser die speziellen Berechnungsaufgaben und die Ziele ihrer Arbeiten zur Verfügung zu stellen, damit aus diesen ersten und unabgeschlossenen Versuchen und Anregungen zur Gestaltung von Synthesegeräten wirklich brauchbare und den Erfordernissen der Praxis entsprechende Instrumente entwickelt werden können. Wenn dies gelänge, wäre das Ziel der Arbeit erreicht.

Schrifttumverzeichnis

[1] de Beauclair, W., Zweidimensionale Fouriersynthese mittels elektrischer Frequenzmodulation. ZWB-Bericht UM 780.

[2] Beevers, C. A., A machine for the rapid summation of Fourierseries. Proc. phys. soc. Lond. 51 (1939), 660—667.

[3] v. Békésy, G., Über die photoelektrische Fourieranalyse eines gegebenen Kurvenzuges. Elektr. Nachr.-Techn. 14 (1937), 157—161.

[4] Berger, E. R., Harmonische Analyse diskreter Zahlenreihen. Z. angew. Math. Mech. 22 (1942), 269—272.

[5] Bragg, W. L., An optical method of representing the results of X-ray analysis. Z. Krist. 70 (1929), 475.

[6] Brill, H., C. Hermann und Cl. Peters, Röntgenographische Fouriersynthese von metallischem Magnesium. Ann. d. Phys. 5 41 (1942), 37—53.

[7] Brown, S. L., A mechanical harmonic synthesizer-analyser. J. Frankl. Inst. 228 (1939), 675—694.

[8] Brown, S. L., and L. L. Wheeler, A mechanical method for graphical solution of polynomials. J. Frankl. Inst. 231 (1941), 223—243.

[9] Ewald, P. P., Die Erforschung des Aufbaues der Materie. Handbuch der Physik, XXIII, Teil 2, 207—476. Berlin 1933. Springer.

[10] Grimm, H. G., R. Brill, C. Hermann und Cl. Peters, Studien über chemische Bindung mittels Fourier-Analyse. Naturwiss. 26 (1938), 29—31 und Anwendung der röntgenographischen Fouriersynthese auf Fragen der chemischen Bindung. Ann. d. Phys. 5 34 (1939), 393—445.

[11] Hermann, C., Methodisches zur Fourier-Analyse. Z. Elektrochem. 46 (1940), 425—436.

[12] Hermann, C., und Cl. Peters, Anwendung der röntgenographischen Fourier-Analyse. Z. Elektrochem. 46 (1940), 436—448.

[13] Hettich, A., Beiträge zur Methodik der Strukturbestimmung. Z. Krist. 90 (1935), 473.

[14] Hoppe, W., Neue einfache elektrische Rechenmaschine zur automatischen Durchführung komplizierter Rechenoperationen. ZWB-Bericht UM 729.

[15] Hußmann, A., Rechnerische Verfahren zur harmonischen Analyse und Synthese. Berlin 1938. Springer.

[16] Kranz, Fr. W., A mechanical synthesizer and analyser. J. Frankl. Inst. 204 (1927), 245—262.

[17] Lind, W., und R. Berger, Büromaschinen. Leipzig 1940.

[18] Lipson, H., and C. A. Beevers, An improved method of twodimensional Fouriersynthesis for crystals. Proc. phys. soc. Lond. 48 (1936), 772—780.

[19] Lübcke, E., Ein Apparat zur harmonischen Analyse. Phys. Z. 16 (1915), 453—456.

[20] Meyer zur Capellen, W., Mathematische Instrumente. Leipzig 1941. Akadem. Verlagsanstalt.

[21] Michelson, A. A., and A. T. Stratton, A new harmonic analyser. Phil. Mag. 45 (1898), 85—91.

[22] Miller, D. C., A 32-element harmonic synthesizer. J. Frankl. Inst. 81 (1916), 51—81.

[23] N. N., The great electro-mechanical brain. MIT's differential analyzer. Life 20 (1946), 34—36 (Nr. 2, 14. 2. 1946).

[24] Patterson, A. L., Method in crystal analysis. I. Fourier series and the interpretation of X-ray data. Z. Krist. 76 (1930), 177—186.

[25] Patterson, A. L., Method in crystal analysis. II. The enhancement principle and the Fourier series of certain types of functions. Z. Krist. 76 (1930), 187—200.

[26] Robertson, S. M., — — — Phil. Mag. 7 13 (1932), 413 . . .

[27] Robertson, S. M., — — — Phil. Mag. 7 21 (1936), 176 . . .

[28] Rothé, E., et A. Rémy, Appareil de synthèse de mouvements périodiques. J. Phys. Radium (6) 8 (1926), 193—199.

[29] Sauer, R., und H. Pösch, Integriermaschine für gewöhnliche Differentialgleichungen. Z. VDI. 87 (1943), 221—224.

[30] Stumpff, K., Grundlagen und Methoden der Periodenforschung. Berlin 1937. Springer.

[31] Terebesi, P., Rechenschablonen für die harmonische Analyse und Synthese. Berlin 1930. Springer.

[32] Walther, A., H.-J. Dreyer und H. Estenfeld, Ein Gerät zur Überlagerung von Sinuslinien. Z. Instrumentenkde. 59 (1939), 162—168.

[33] Walz, Ein waageähnliches Gerät... ZWB-Bericht UM...

[34] Willers, Fr. A., Mathematische Instrumente. München und Berlin 1943. Oldenbourg.

[35] Zech, Th., Harmonische Analyse mit Hilfe des Lochkartenverfahrens. Z. angew. Math. Mech. 9 (1929), 425—427.

[36] Zipperer, L., Tafeln zur harmonischen Analyse. Berlin 1922. Springer.

[37] Hart, H. C., and J. Travis, Mechanical solution of algebraic equations. J. Frankl. Inst. 225 (1938), 63—72.

[38] Reck, M., Elektrisches Gerät zur selbsttätigen Auflösung von Gleichungen ersten und höheren Grades. Arch. Elektrotechn. 32 (1938), 190—197.

[39] Mc.Lachlan, and E. F. Champaygne, A machine for the application of sand in making Fourier projections of crystal structures. J. appl. physics 17 (1946), Nr. 12, 1006—1014.

[40] von Laue, M., Röntgenstrahlinterferenzen. Leipzig 1941.

[41] Hartree, D. R., Eniac, an electronic computing machine. Nature 158 (1946), Oct. 12, 500—505.

[42] Schiweck, F., Fernschreibtechnik. Leipzig 1942. Winter.

— Booth, A. D., Two calculating machines for X-ray crystal structure analysis. Journ. Appl. Physics 18 (1947) 664—666.

— Pepinsky, R., An electronic computer for X-ray crystal structure analysis. Journ. Appl. Physics 18 (1947) 601—604.

Anhang 1

Das vom Verfasser gemeinsam mit Herrn Doz. Dr. rer. nat. U. Sinogowitz weiter ausgearbeitete Synthesehilfsmittel der „Phasenfaktorentafel" wird im folgenden ausführlicher beschrieben. Der Anhang ist nach dem Abschnitt 213a, S. 30 (Rechengang, Phasenfaktoren), einzugliedern.

1 Gestaltung der „Phasenfaktorentafel"

Für jeden interessierenden Punkt (x, y) des Einheitsrechtecks $0 \leqq x < 1$, $0 \leqq y < 1$ kann man ein Blatt von Phasenfaktoren der beschriebenen Art anlegen. Ist das Punktnetz einigermaßen dicht, so ist der Arbeitsaufwand bei der Herstellung einer solchen Tafelsammlung allerdings beträchtlich. Er ist jedoch ein für allemal zu leisten und lohnt sich immer, wenn viele Versuchsergebnisse, also viele Koeffiziententafeln, vorliegen und es sich darum handelt, nach Belieben für einzelne Punkte (x, y) des Netzes oder für einen begrenzten kleineren Teil des Punktnetzes die Werte $\sigma^* (x, y)$ zu berechnen, und wenn keine sehr geschulte Rechenkraft zur Verfügung steht. Denn der Gebrauch der Phasenfaktorentafel kann als einigermaßen narrensicher gelten. (In anderen Fällen, besonders aber, wenn man $\sigma^* (x, y)$ für alle Punkte eines Rechtecks braucht, verdient die doppelte Produktsummenbildung zweifellos den Vorzug.) Die Wahl der Punkte (x, y), für die man Phasenfaktorenblätter aufstellt, hat man vor Anlegung des Tafelwerkes frei; man kann also das Punktnetz unregelmäßig machen, es zum Beispiel an einzelnen Stellen des Einheitsrechtecks verdichten gegenüber anderen Stellen, – ein Vorteil gegenüber der doppelten Produktsummenbildung, bei der ja die Maschen rechteckig sein müssen.

Da die Indizes h und k bis gegen 20 gehen können, enthält jedes Phasenfaktorenblatt $21 \cdot 21 = 441$ Zahlen. Bei einer über das ganze Einheitsrechteck gleichen Maschenweite von $^1/_{48} \cdot {^1/_{48}}$ ergibt sich (jedoch, wie sich zeigen wird, nur scheinbar) die Notwendigkeit, $48 \cdot 48$, das heißt 2304 Blätter anzulegen. Für genauere Untersuchungen wird man das Netz flächenzentrieren wollen, wenn nicht gar $^1/_{96}$ als Schrittweite in beiden Richtungen nötig wird. Das ergäbe 9216 Blätter, also die Niederschrift von nicht weniger als 4064256 Zahlen für die cos-cos-Tafel allein. Die sin-sin-Tafel käme unter Umständen mit 3686400 Zahlen dazu.

Die Tafel der Phasenfaktoren zur kristallographischen zweidimensionalen Synthese, welche von den Verfassern unter Mitwirkung von Herrn A. Papasoff aufgestellt wurde, enthält vorerst 91 Blätter der Funktion $\Phi\,(h, k) = \cos 2\pi\, hx \cdot \cos 2\pi\, ky$ für solche Wertepaare (x, y), bei denen x und y geradzahlige Vielfache von $^1/_{48}$ sind. Die Indizes h und k laufen von 0 bis 20. Eine leichtverständlich gehaltene Gebrauchsanweisung lehrt die Handhabung für eine ungeschulte Rechenkraft; eine Erläuterung gibt für den sachverständigen Bearbeiter die notwendigen Hinweise über die vorherigen Umformungen der Strukturamplituden laut Gleichungen (24) und dergleichen. Beide sind im folgenden wörtlich angeführt, ferner ist ein Blatt dieser Tafel verkleinert wiedergegeben, um einen genauen Einblick in deren Benutzung zu ermöglichen. Im Institut für anorganische und physikalische Chemie der Technischen Hochschule Darmstadt ist diese Tafel seit ihrer Gestaltung mit gutem Erfolg in Benutzung[30]).

Erläuterung zur Phasenfaktorentafel

1. Zweck

Die Phasenfaktorentafel dient der leichten Berechnung des Ausdruckes

$$\sigma^* (x, y) = \sum_h \sum_k A_{hk} \cos 2\pi h x \cos 2\pi k y$$

für solche Wertepaare der Ortskoordinaten (x, y), bei denen x und y geradzahlige Vielfache von $^1/_{48}$ sind.

Die Indizes h und k laufen von 0 bis 20; jedem von ihnen ist ein Eingang der Tafel zugeordnet. Für jeden Punkt der xy-Ebene, dessen Koordinaten ganze Vielfache von $^1/_{24}$ sind, enthält die vorliegende Tafel ein Blatt; jedes Blatt ist in seiner rechten unteren Ecke mit dem 48fachen der ihm entsprechenden Punktkoordinaten beschriftet.

2. Wahl des Blattes

Ist ein beliebiger derartiger Punkt (x, y) gegeben, so suche man den zu ihm äquivalenten Punkt (x^*, y^*) des Rechtecks $0 \leqq x \leqq \frac{1}{2}$, $0 \leqq y \leqq \frac{1}{2}$. Man findet ihn folgendermaßen: Sind X bzw. Y die nächsten an x bzw. y gelegenen ganzen Zahlen, so ist $x^* = |X - x|$, $y^* = |Y - y|$.

Beispiel:

$$x = \frac{86}{48},\ y = -\frac{18}{48}.\ \text{Dann ist } X = 2,\ Y = 0,\ x^* = \frac{10}{48},\ y^* = \frac{18}{48}.$$

Man suche sodann in der Phasenfaktorentafel dasjenige Blatt, welches die mit 48 multiplizierten Werte von x^* und y^* in richtiger oder verkehrter Reihenfolge in der rechten unteren Ecke aufweist.

3. Fourierkoeffizienten

Für die Umrechnung der aus der Messung erhaltenen Strukturfaktoren F_{h0k} in Fourierkoeffizienten A_{hk} gilt:

$$\left.\begin{aligned} A_{00} &= F_{000}, \\ A_{h0} &= 2\,F_{h00}, \\ A_{0k} &= 2\,F_{00k}, \\ A_{hk} &= 2\,(F_{h0k} + F_{h0\bar{k}}) \end{aligned}\right\} \quad \text{für } h \neq 0,\ k \neq 0.$$

4. Koeffiziententalfel

Wenn $x^* \geqq y^*$, so schreibe man die Größen A_{hk} so in ein herausgetrenntes Blatt der Koeffiziententafeln oder in ein entsprechend hergerichtetes Transparentblatt, dessen Feldeinteilung mit der der Phasenfaktorenblätter überein-

[30]) Erscheint als Band II des vorliegenden Werkes unter dem Titel: Untersuchungen über die Fouriersynthese der Ladungsverteilung in Kristallen, Bd. II: W. de Beauclair u. U. Sinogowitz, Phasenfaktorentafel zur kristallographischen zweidimensionalen Fouriersynthese. Akademie-Verlag GmbH., Berlin NW 7.

stimmt, daß der Index h längs jeder Zeile, der Index k längs jeder Spalte konstant bleibt. Wenn $x^* \leqq y^*$, so lasse man k längs jeder Zeile, h längs jeder Spalte konstant. Siehe Schemabild:

$$\text{Für } x^* \geqq y^* \quad \left|\begin{matrix} A_{00} & A_{01} & A_{02} \\ A_{10} & A_{11} & A_{12} \\ A_{20} & A_{21} & A_{22} \end{matrix}\right. \qquad \text{Für } x^* \leqq y^* \quad \left|\begin{matrix} A_{00} & A_{10} & A_{20} \\ A_{01} & A_{11} & A_{21} \\ A_{02} & A_{12} & A_{22} \end{matrix}\right. .$$

Man lege dann die Koeffiziententafel auf das bereits herausgesuchte Phasenfaktorenblatt.

Weiter verfahre man gemäß der für den Rechner gedachten „Rechenanweisung".

5. Ergebnis

Die mittels vorliegender Phasenfaktorentafel gemäß der Rechenanweisung berechnete Größe σ^* ist unmittelbar gleich der Elektronendichteprojektion im Kristall, falls $F_{h0k} = F_{h0\bar{k}}$; es ist dann

$$\sigma^*(x, y) = \sum_{h=-\infty}^{\infty} \sum_{k=-\infty}^{\infty} F_{h0k} \cos 2\pi (hx + ky) = \sigma(x, y) .$$

6. Einschränkung

Falls jedoch $F_{h0k} \neq F_{h0\bar{k}}$, so ist die mittels vorliegender Tafel berechenbare Größe σ^* nur einer von zwei Summanden, in die der Ausdruck σ zerfällt; zur Berechnung des anderen Summanden ist eine zweite analoge Tafel notwendig, die den Ausdruck

$$\sigma^{**}(x, y) = \sum_{h=0}^{\infty} \sum_{k=0}^{\infty} B_{hk} \sin 2\pi h x \sin 2\pi k y$$

zu berechnen gestattet. Wird nämlich hierin $B_{hk} = 2(F_{h0\bar{k}} - F_{h0k})$ gesetzt, so ist

$$\sigma(x, y) = \sigma^*(x, y) + \sigma^{**}(x, y) .$$

Rechenanweisung zur Phasenfaktorentafel

Die durch Umrechnung aus den Strukturamplituden der Röntgenuntersuchung gewonnenen Fourierkoeffizienten A_{hk} samt den Vorzeichen werden ihren Indizes entsprechend in die unteren Hälften der Felder eines herausgelösten Blattes der transparenten Formulare „Koeffiziententafel" eingetragen.

Die unbesetzt gebliebenen Felder des Formulars werden auffallend durchkreuzt oder ausgefüllt.

Das Formular wird auf das Phasenfaktorenblatt desjenigen Netzpunktes gelegt, für den die Größe σ^* berechnet werden soll.

Die beiden in einem Feld des Formulars übereinanderstehenden Zahlen (Fourierkoeffizient und Phasenfaktor) werden unter Beachtung der Vorzeichen miteinander multipliziert; die Summe sämtlicher Produkte ist gleich der gesuchten Größe σ^*. Zweckmäßig werden hierbei die Produkte spaltenweise addiert und für jede Spalte die Produktsummen einzeln aufgeschrieben, damit gegebenenfalls die Richtigkeit der Rechnung durch zeilenweises Vorgehen mit Aufschreiben jeder Zeilensumme bequem kontrolliert werden kann.

+1	+86603	+50000	0	—50000	—86603	—1	—86603	—50000	0
—86603	—75000	—43301	0	+43301	+75000	+86603	+75000	+43301	0
+50000	+43301	+25000	0	—25000	—43301	—50000	—43301	—25000	0
0	0	0	0	0	0	0	0	0	0
—50000	—43301	—25000	0	+25000	+43301	+50000	+43301	+25000	0
+86603	+75000	+43301	0	—43301	—75000	—86603	—75000	—43301	0
—1	—86603	—50000	0	+50000	+86603	+1	+86603	+50000	0
+86603	+75000	+43301	0	—43301	—75000	—86603	—75000	—43301	0
—50000	—43301	—25000	0	+25000	+43301	+50000	+43301	+25000	0
0	0	0	0	0	0	0	0	0	0
+50000	+43301	+25000	0	—25000	—43301	—50000	—43301	—25000	0
—86603	—75000	—43301	0	+43301	+75000	+86603	+75000	+43301	0
+1	+86603	+50000	0	—50000	—86603	—1	—86603	—50000	0
—86603	—75000	—43301	0	+43301	+75000	+86603	+75000	+43301	0
+50000	+43301	+25000	0	—25000	—43301	—50000	—43301	—25000	0
0	0	0	0	0	0	0	0	0	0
—50000	—43301	—25000	0	+25000	+43301	+50000	+43301	+25000	0
+86603	+75000	+43301	0	—43301	—75000	—86603	—75000	—43301	0
—1	—86603	—50000	0	+50000	+86603	+1	+86603	+50000	0
+86603	+75000	+43301	0	—43301	—75000	—86603	—75000	—43301	0
—50000	—43301	—25000	0	+25000	+43301	+50000	+43301	+25000	0

603	+1	+86603	+50000	0	—50000	—86603	—1	—86603	—50000
000	—86603	—75000	—43301	0	+43301	+75000	+86603	+75000	+43301
301	+50000	+43301	+25000	0	—25000	—43301	—50000	—43301	—25000
	0	0	0	0	0	0	0	0	0
301	—50000	—43301	—25000	0	+25000	+43301	+50000	+43301	+25000
000	+86603	+75000	+43301	0	—43301	—75000	—86603	—75000	—43301
603	—1	—86603	—50000	0	+50000	+86603	+1	+86603	+50000
000	+86603	+75000	+43301	0	—43301	—75000	—86603	—75000	—43301
301	—50000	—43301	—25000	0	+25000	+43301	+50000	+43301	+25000
	0	0	0	0	0	0	0	0	0
301	+50000	+43301	+25000	0	—25000	—43301	—50000	—43301	—25000
000	—86603	—75000	—43301	0	+43301	+75000	+86603	+75000	+43301
603	+1	+86603	+50000	0	—50000	—86603	—1	—86603	—50000
000	—86603	—75000	—43301	0	+43301	+75000	+86603	+75000	+43301
301	+50000	+43301	+25000	0	—25000	—43301	—50000	—43301	—25000
	0	0	0	0	0	0	0	0	0
301	—50000	—43301	—25000	0	+25000	+43301	+50000	+43301	+25000
000	+86603	+75000	+43301	0	—43301	—75000	—86603	—75000	—43301
603	—1	—86603	—50000	0	+50000	+86603			
000	+86603	+75000	+43301	0	—43301	—75000			
301	—50000	—43301	—25000	0	+25000	+43301			

20,4

Zur erleichterten Benutzung sind bei den von ± 1 verschiedenen Phasenfaktoren nur die hinter dem Dezimalkomma stehenden Ziffern angegeben. Wird mit nur 4 Stellen gerechnet, so ist der Faktor 0,35355 auf 0,3536 aufzurunden.

2 Verminderung des Umfangs des Tafelwerkes durch „Stürzen“

Auf Kosten der Fehlersicherheit, die oben als wesentlicher Vorteil des Tafelwerkes vermerkt wurde, kann die Anzahl der notwendigen Blätter erheblich vermindert werden. Da dies für engmaschige Netze von Bedeutung sein mag, seien die Möglichkeiten dafür angeführt.

Zunächst sei bemerkt, daß nach Gleichung (36), S. 27,

$$\sigma(1 - x, 1 - y) = \sigma(x, y) .$$

Die cos-cos-Faktorenblätter für zwei Punkte, die zum Punkt $\frac{1}{2}$, $\frac{1}{2}$ spiegelbildlich liegen, sind also einander gleich. Dasselbe gilt für die sin-sin-Tafel.

Im folgenden sei vorausgesetzt, daß die Strecken $0 \leqq x \leqq 1$ und $0 \leqq y \leqq 1$ äquidistant in gleichviele Intervalle unterteilt, die Netzmaschen also bei Wahl der x-Einheit gleich der y-Einheit quadratisch sind. Man gelangt dann zu weiteren Einsparungen:

Von den Netzpunkten des Einheitsrechtecks $0 \leqq x \leqq 1$, $0 \leqq y \leqq 1$ kann man sich auf diejenigen beschränken, für welche $x \geqq y$ ist (sie gehören dem rechtsunteren Dreieck an, das aus einer Diagonalen und zwei Seiten des Einheitsrechtecks gebildet wird). Ist nämlich $P(r, s)$ mit $r < s$ ein Punkt im linksoberen Dreieck, so entsteht sein Phasenfaktorenblatt aus dem des Punktes $Q(s, r)$, der ja dann im rechtsunteren Dreieck liegt, durch einfaches Umklappen um die beide Dreiecke trennende Diagonale: das Blatt für P geht durch „Stürzen“ aus dem für Q hervor. Sonach kann man $\sigma(r, s)$ mittels der für $\sigma(s, r)$ geltenden Halbtafel ausrechnen, wenn man außer den Koeffiziententafeln für die A_{hk} und B_{hk} nach S. 23 noch „gestürzte“ Koeffiziententafeln für die A_{hk} und B_{hk} anlegt. Man hat dann die Arbeit des Tafelstürzens nur ein- bzw. zweimal durchzuführen, nämlich für die Koeffiziententafeln. Statt sich auf das rechtsuntere Dreieck zu beschränken, kann man die Halbierung des mit Phasenfaktorenblättern zu überziehenden Gebietes auch anders durchführen, wenn man nur darauf achtet, daß von jedem Paar (r, s), (s, r) Netzpunkten immer genau einer ein Blatt erhält.

Nach den bisher beschriebenen beiden Verminderungsmöglichkeiten kann man sich also bereits auf ein Viertel des Einheitsrechtecks beschränken, etwa auf das Dreieck mit den Eckpunkten (0, 0), $(\frac{1}{2}, \frac{1}{2})$, (1,0).

Folgende Überlegung führt zu weiterer Vereinfachung: Da die cos-Funktion die Eigenschaft $\cos(2\pi - \alpha) = \cos \alpha$ besitzt, stimmen die cos-cos-Faktoren für zwei Punkte des Einheitsrechtecks dann überein, wenn Abszissen oder Ordinaten der Punkte sich zu 1 ergänzen, oder anders ausgedrückt, wenn die Punkte zu einer der Geraden $y = \frac{1}{2}$ oder $x = \frac{1}{2}$ spiegelbildlich liegen. Sind die cos-cos-Faktoren für das Dreieck (1) von Abb. 34 bekannt, so besitzt man sie also auch bereits für die Dreiecke (2) und (7) und damit auch für (8). Unter Hinzunahme der gestürzten Koeffiziententafel hat man sie dann auch für die übrigen vier Dreiecke (3), (4), (5) und (6). Analoges gilt für die sin-sin-Faktoren, da

$\sin(2\pi - \alpha) = -\sin\alpha$ ist; infolgedessen erhält man die sin-sin-Blätter für die Punkte des Dreiecks (2) aus denen des Dreiecks (1) durch „Spiegelung" an der Geraden $x = \frac{1}{2}$ und gleichzeitige Vorzeichenumkehr.

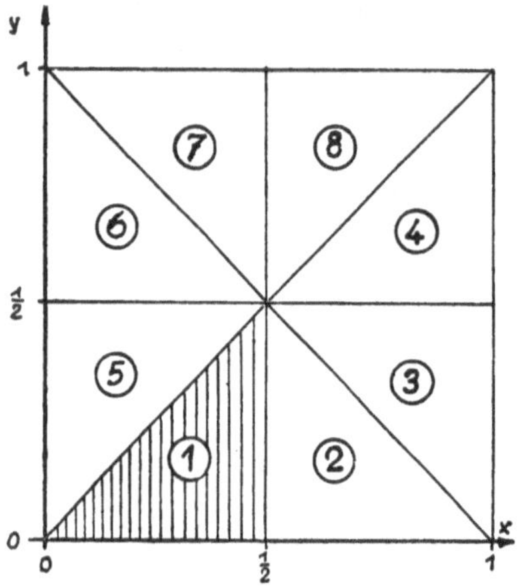

Abb. 34.
Unterteilung des Einheitsrechtecks.

Es genügt für die Praxis also völlig, die Phasenfaktoren für die Punkte im Innern und auf dem Rande des Dreiecks (1) zu besitzen. Ist die Längeneinheit in beiden Richtungen in Achtundvierzigstel geteilt, so ist die Anzahl dieser Netzpunkte nur noch $25 + 24 + \ldots + 1 = 325$. Längs der Katheten ist die Funktion $\sin 2\pi hx \sin 2\pi ky$ ständig Null, der Bedarf an sin-sin-Blättern ist also nur $23 + 22 + \ldots + 1 = 276$. (Eines der 325 cos-cos-Blätter, nämlich das für $x = y = 0$, enthält nur Einsen, ist also trivial.)

Beschränkt man die Anzahl der für ein Achtundvierzigstelnetz herzustellenden Phasenfaktorenblätter auf die $276 + 325 = 601$ für das Dreieck (1) erforderlichen, so ist die damit in Kauf genommene Einbuße an Fehlersicherheit noch nicht beträchtlich; die Einschränkung erscheint tragbar und in Anbetracht der Tafelherstellung sogar geboten. Die bereits hergestellte Tafel enthält die cos-cos-Blätter für ein Vierundzwanzigstelnetz; es sind dies 91 Stück; die Beschriftung ist auf Achtundvierzigstelteilung abgestimmt. Wie viele Blätter bei einer Verdichtung des Netzes zusätzlich angefertigt werden müssen, ist leicht auszurechnen:

Man braucht bei Beschränkung auf das Dreieck (1), d.h. auf $0 \leqq y \leqq x \leqq \frac{1}{2}$

	cos-cos-Blätter	sin-sin-Blätter
im Vierundzwanzigstelnetz	91	66
in demselben flächenzentriert	169	121
im Achtundvierzigstelnetz	325	276
in demselben flächenzentriert	625	529
im Sechsundneunzigstelnetz	1225	1128.

3 Weitere Verminderung durch Vorzeichenbeachtung

Die Anzahl der Blätter läßt sich weiter vermindern, wenn man die Benutzung einer und derselben Phasenfaktorenzahl mit verschieden verteilten Vorzeichenfaktoren $+1$ und -1 vorsieht. Man kann sich alsdann auf die Tafelanfertigung für das linke untere Vierteldreieck des Dreiecks (1) beschränken. Die Begründung dafür liegt in den Beziehungen

$$\cos 2\pi h\left(\frac{1}{2} - x\right) = (-1)^h \cos 2\pi hx\,,$$
$$\cos 2\pi k\left(\frac{1}{2} - y\right) = (-1)^k \cos 2\pi ky \qquad (40)$$

und

(41)
$$\sin 2\pi h\left(\frac{1}{2} - x\right) = (-1)^{h+1} \sin 2\pi hx\,,$$
$$\sin 2\pi k\left(\frac{1}{2} - y\right) = (-1)^{k+1} \sin 2\pi ky\,.$$

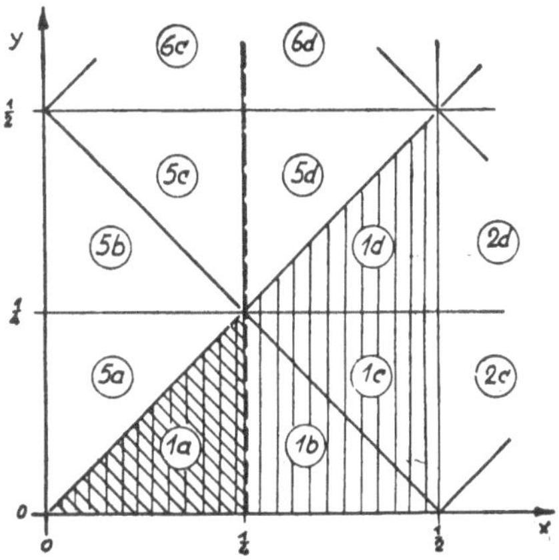

Abb. 35. Weitere Unterteilung des Einheitsrechtecks.

Besitzt man die Phasenfaktoren eines Punktes im Dreieck (1a), Abb. 35, so erhält man das Blatt für sein Spiegelbild bezüglich der Geraden $x = \frac{1}{4}$ (in der Abbildung stark gestrichelt), indem man jede zweite Zeile mit dem Faktor —1 versieht. Gibt man jeder zweiten Spalte den Faktor —1, so ergeben sich die Phasenfaktoren für den an der Geraden $y = \frac{1}{4}$ gespiegelten Punkt; dieser liegt im Dreieck (5c). Nimmt man die Vorzeichengebung schachbrettartig vor, so daß die linke obere Ecke positiv wird, so gelangt man zu dem Punkt, der aus dem gegebenen durch Spiegelung am Punkt $\frac{1}{4}, \frac{1}{4}$ entsteht, also in das Dreieck (5 d).

Das Wort „jede zweite" Zeile bzw. Spalte bedeutet, daß die oberste Zeile bzw. die linksäußerste Spalte ihre Vorzeichen behält, gleichgültig, ob es sich um die cos-cos- oder die sin-sin-Tafel handelt. Denn die oberste Zeile hat bei der cos-cos-Tafel den Index $h = 0$, bei der sin-sin-Tafel aber $h = 1$, behält also beim Übergang von x zu $-x$ ihre Vorzeichen, vgl. (40) und (41).

Die vier Vorzeichenvergebungen, die in jeder Phasenfaktorentafel möglich und für die Dreiecke (1a), (1b), (5c), (5d) verschieden sind, werden durch die Buchstaben *a, b, c, d* bereits gekennzeichnet. Sie lassen sich aber auch sinnfälliger durch die Vorzeichen der vier oberen Phasenfaktoren jedes Blattes symbolisieren:

(42)
$$a)\begin{matrix}+ & +\\ + & +\end{matrix}\quad b)\begin{matrix}+ & +\\ - & -\end{matrix}\quad c)\begin{matrix}+ & -\\ + & -\end{matrix}\quad d)\begin{matrix}+ & -\\ - & +\end{matrix}\,.$$

In der Rechenpraxis kann man mit Vorteil auf die Phasenfaktorenblätter Schablonen legen, die bei *b*) und *c*) spalten- bzw. zeilenweise Zahlenstreifen abdecken und für *d*) schachbrettartig angeordnete Fenster haben; das mechanische Produktbilden wird dadurch erleichtert. Alle nicht zugedeckten Zahlen müssen dann mit demselben Vorzeichenfaktor versehen werden.

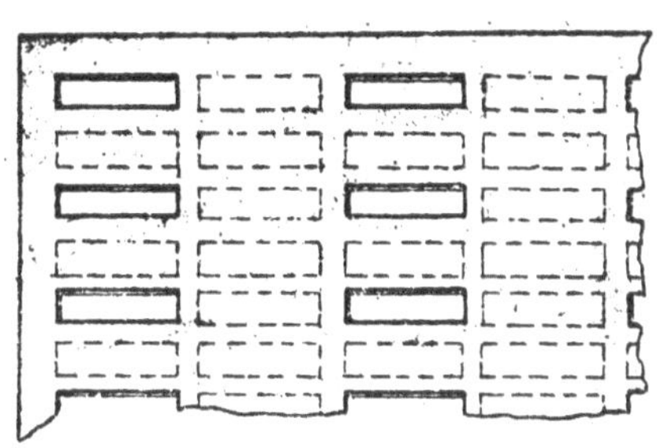
Abb. 36.
Schablone für die Faktoren gleichen Vorzeichens.

Noch eine Stufe weiter gelangt man, wenn man eine einzige Schablone herstellt, die nur jedes vierte Zahlenfeld sichtbar sein läßt, wie Abb. 36 zeigt. Die zugleich sichtbaren Felder treten in allen Fällen *a*) bis *d*) mit demselben

Vorzeichen auf. Wenn man nun die vier derart zusammengesetzten Teilsummen bildet, wie sie sich durch Verschieben der Schablone ergeben (die erste beginnend mit der Indexkombination 00, die zweite mit 01, die dritte mit 10 und die vierte mit 11), und sie nach Maßgabe des Vorzeichenschemas (42) zusammenfügt, so erhält man mit jedem $\sigma(x, y)$ zugleich $\sigma(\frac{1}{2} - x, y), \sigma(x, \frac{1}{2} - y$ und $\sigma(\frac{1}{2} - x, \frac{1}{2} - y)$. Für das Einheitsrechteck ergibt sich dann folgendes Arbeitsschema:

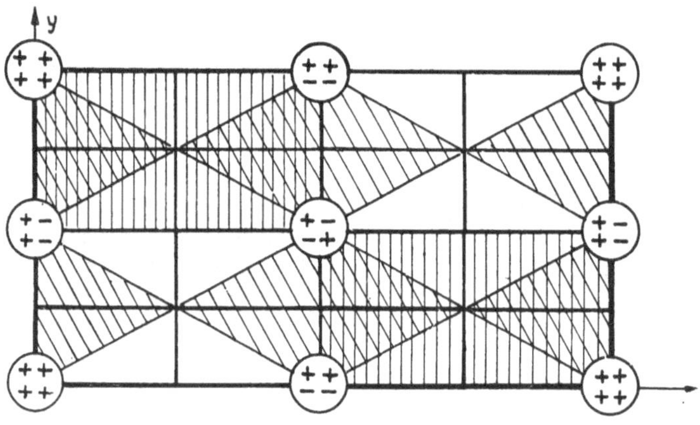

Anweisung: Im schräg Schraffierten: gestürzte Koeffiziententafel! Im senkrecht Schraffierten: sin-sin-Summe von cos-cos-Summe abziehen! Für jedes Teildreieck gilt die Vorzeichenverteilung, die in seiner mit Kreissymbol versehenen Ecke angemerkt ist.

Abb. 37. Arbeitsschema zur Ausnutzung der verminderten Phasenfaktorentafel.

Macht man vollen Gebrauch von den genannten drei Möglichkeiten, durch Stürzen der Koeffiziententafeln und Wechsel der Vorzeichen die Anzahl der Phasenfaktorenblätter zu vermindern, so bleiben nur mehr zur Erfassung sämtlicher Punkte im Einheitsrechteck notwendig:

	cos-cos-Blätter	sin-sin-Blätter	zusammen
für das Vierundzwanzigstelnetz	28	15	43
für dasselbe flächenzentriert	49	25	74
für das Achtundvierzigstelnetz	91	66	157
für dasselbe flächenzentriert	169	121	290
für das Sechsundneunzigstelnetz	325	276	601.

Ferner ist eine Schablone nach Abb. 36 notwendig. Für jede Strukturbestimmung braucht man weiterhin die A_{hk}- und die B_{hk}-Koeffiziententafeln sowie die zugehörigen gestürzten Tafeln.

Anhang 2

über das in Abs. 31, S. 49, erwähnte und von Doz. Dr. U. Sinogowitz ausgearbeitete Rechenverfahren der dreifachen Produktsummenbildung.

Die für die zweidimensionale Synthese entwickelte doppelte Produktsummenbildung kann man ohne neue Schwierigkeit für die dreidimensionale Synthese ausbauen. Bei der für die zweidimensionale Synthese entwickelten doppelten Produktsummenbildung werden – vgl. Abb. 13 und 14 – rechteckige Schemata gebildet; jedem solchen Schema entspricht im dreidimensionalen Fall ein Quader bzw. ein System von Rechtecken, d. h. ein Buch.

Die zugrunde liegende Gleichung lautet

$$\varrho\,(x, y, z) = \sum_{-\infty}^{\infty}\sum_{-\infty}^{\infty}\sum_{-\infty}^{\infty} F_{hkl}\cos 2\pi\,(h\,x + k\,y + l\,z)\,. \tag{43}$$

Zunächst wird, wie in Abs. 211a, S. 22, goniometrisch umgeformt. Man hat mit

$$2\pi\,h\,x = \xi\,,\ 2\pi\,k\,y = \eta\,,\ 2\pi\,l\,z = \zeta \tag{44}$$

die Formel

$$\begin{aligned} F_{hkl}\cos 2\pi\,(h\,x + k\,y + l\,z) = F_{hkl}\,(&\cos\xi\cos\eta\cos\zeta\,- \\ -\cos\xi\sin\eta\sin\zeta - \sin\xi\cos\eta\sin\zeta &- \sin\xi\sin\eta\cos\zeta)\,. \end{aligned} \tag{45}$$

Die dreifach von $-\infty$ bis $+\infty$ zu erstreckende Summe kann in eine dreifach von 0 bis ∞ zu erstreckende umgeschrieben werden, so daß für die Indizes h, k, l keine negativen Zahlen mehr gesetzt zu werden brauchen. Um dies zu erreichen, werden die für ein bestimmtes Zahlentripel $|h|$, $|k|$, $|l|$ gegebenen acht Größen F_{hkl}, $F_{hk\bar{l}}$, $F_{h\bar{k}l}$, $F_{h\bar{k}\bar{l}}$, $F_{\bar{h}kl}$, $F_{\bar{h}k\bar{l}}$, $F_{\bar{h}\bar{k}l}$ und $F_{\bar{h}\bar{k}\bar{l}}$ zu einem einzigen Ausdruck zusammengefaßt, der dann wieder in vier Teilausdrücke A_{hkl}, B_{hkl}, C_{hkl}, D_{hkl} zerlegt wird. Die Terme mit den Strukturfaktoren $F_{\pm h\pm k\pm l}$ liefern zusammen einen Beitrag Φ_{hkl}, der sich folgendermaßen aufbaut:

$$\begin{aligned} \Phi_{hkl} = {} & \overbrace{2\,(F_{hkl} + F_{hk\bar{l}} + F_{h\bar{k}l} + F_{h\bar{k}\bar{l}})}^{A_{hkl}}\cos\xi\cos\eta\cos\zeta\,+ \\ & + \overbrace{2\,(-F_{hkl} + F_{hk\bar{l}} + F_{h\bar{k}l} - F_{h\bar{k}\bar{l}})}^{B_{hkl}}\cos\xi\sin\eta\sin\zeta\,+ \\ & + \overbrace{2\,(-F_{hkl} + F_{hk\bar{l}} - F_{h\bar{k}l} - F_{h\bar{k}\bar{l}})}^{C_{hkl}}\sin\xi\cos\eta\sin\zeta\,+ \\ & + \overbrace{2\,(-F_{hkl} - F_{hk\bar{l}} - F_{h\bar{k}l} - F_{h\bar{k}\bar{l}})}^{D_{hkl}}\sin\xi\sin\eta\cos\zeta \\ & \text{für } h \neq 0\,,\ k \neq 0\,,\ l \neq 0\,. \end{aligned} \tag{46}$$

Dabei ist von der Beziehung

(17) $$F_{hkl} = F_{\bar{h}\bar{k}\bar{l}}$$

Gebrauch gemacht. Also ist

$$\begin{aligned}\varrho(x, y, z) = \sum_0^\infty\sum_0^\infty\sum_0^\infty \; & (A_{hkl}\cos 2\pi\, hx \cos 2\pi\, ky \cos 2\pi\, lz + \\ & + B_{hkl}\cos 2\pi\, hx \sin 2\pi\, ky \sin 2\pi\, lz + \\ & + C_{hkl}\sin 2\pi\, hx \cos 2\pi\, ky \sin 2\pi\, lz + \\ & + D_{hkl}\sin 2\pi\, hx \sin 2\pi\, ky \cos 2\pi\, lz)\end{aligned} \tag{47}$$

worin die Bedeutung der Größen A_{hkl}, B_{hkl}, C_{hkl}, D_{hkl} nach Gleichung (46) klar ist. Sind nicht alle Indizes von Null verschieden, so bekommt man die A, B, C, D aus Gleichungen, die analog den letzten drei der Gleichungen (24) S. 23 gebaut sind.

Man hat nun für A, B, C und D Koeffizientenschemata anzulegen, die zu den Koeffiziententafeln S. 23 dreidimensionale Analoga darstellen. Jedes Koeffizientenschema besteht dann aus mehreren Blättern, etwa derart, daß jedem vorkommenden Wert l ein Blatt entspricht und jedes Blatt einen h- und einen k-Eingang erhält. Da man hierbei h, k, l auch vertauschen kann, wird man zweckmäßig als den von Blatt zu Blatt wechselnden „Blattindex" denjenigen der Buchstaben h, k, l wählen, der die Anzahl der Blätter möglichst niedrig macht.

Für jedes der Koeffizientenschemata A, B, C, D muß nach Maßgabe der Gleichung (47) je Gitterpunkt ein Produkt aus vier Faktoren ausgerechnet werden. Der Gang sei für das A-Schema erläutert.

Die Bildung von

$$\varrho_A(x, y, z) = \Sigma\Sigma\Sigma\, A_{hkl}\cos 2\pi\, hx \cos 2\pi\, ky \cos 2\pi\, lz \tag{48}$$

wird zerlegt in folgende drei Gänge:

$$\left.\begin{aligned}\tau_{kl}(x) &= \sum_h A_{hkl}\cos 2\pi\, hx\,, \\ \psi_l(x, y) &= \sum_k \tau_{kl}(x)\cos 2\pi\, ky \\ \varrho(x, y, z) &= \sum_l \psi_l(x, y)\cos 2\pi\, lz\,,\end{aligned}\right\} \text{ebenso für } B, C \text{ und } D\,. \tag{49}$$

Um die rechts stehenden Produktsummen (oder Skalarprodukte) bequem aufzunehmen, tabuliert man die Funktionen $\cos 2\pi\, hx$, $\cos 2\pi\, ky$, $\cos 2\pi\, lz$ für alle vorkommenden h, x; k, y; l, z. Ist die Längeneinheit längs zweier Achsen, etwa längs der x- und der y-Achse, äquidistant in gleich viele Streifen unterteilt, so sind die Tafeln für $\cos 2\pi\, hx$ und für $\cos 2\pi\, ky$ miteinander identisch.

Es entstehen, wenn man aus den A_{hkl} die $\tau_{kl}(x)$, dann die $\psi_l(x, y)$ und schließlich die $\varrho_A(x, y, z)$ nacheinander berechnet, jeweils Tafeln mit drei Eingängen; Abb. 38 möge dies anschaulich machen. Die durch Addition der vier $\varrho_{A \ldots D}$-Tafeln entstehende „ϱ-Tafel" ist ein unmittelbares aus Zahlen bestehendes Abbild der Kristall-Elementarzelle.

Man braucht die drei Arbeitsgänge, die von A über τ und ψ nach ϱ hinführen, nicht in der Reihenfolge ablaufen zu lassen, die vorstehend angegeben wurde. Die kürzeste Zeit braucht man dann, wenn man die Aufeinanderfolge so trifft, daß die Quader für τ und ψ möglichst wenige Zahlen umfassen.

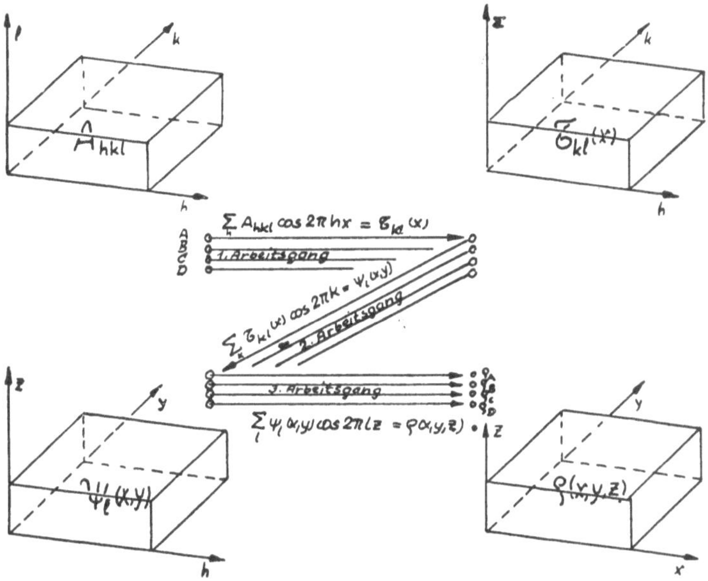

Wiederholungen dieses Rechenganges für die Koeffizienten B, C und D liefern weitere Quader ϱ_B, ϱ_C und ϱ_D.

Abb. 38. Rechengang der dreifachen Produktsummenbildung.

Wegen (17) sind je zwei der acht Größen F_{hkl}, $F_{hk\bar{l}}$, $F_{h\bar{k}l}$, $F_{h\bar{k}\bar{l}}$, $F_{\bar{h}kl}$, $F_{\bar{h}k\bar{l}}$, $F_{\bar{h}\bar{k}l}$, $F_{\bar{h}\bar{k}\bar{l}}$ gleich. Wenn aber je vier von ihnen gleich sind, was eintritt, wenn etwa die Beziehung

$$F_{hk\bar{l}} = F_{hkl} \tag{50}$$

besteht, so wird Gleichung (46) wesentlich kürzer; alle B und C sind Null. Man braucht alsdann nur noch zwei Koeffiziententafeln (für die A und für die D), und die Anzahl der Rechengänge reduziert sich.

Sind alle acht obengenannten F-Größen einander gleich, so entfällt auch noch die D-Tafel.

Dieser beschriebene Rechnungsgang läßt sich wegen der oftmals durchzuarbeitenden gleichen Operationen besonders vorteilhaft mittels Lochkarten ausführen. Sie sind für jeden Arbeitsgang der vier Durchläufe nach einem grundsätzlich gleichen Schema verarbeiten zu lassen, wie es im zweidimensionalen Fall auf S. 27 angegeben ist.

Im konkreten Fall wird man unter Umständen weitere für die Schemarechnung zweckmäßige Vereinfachungen herbeiführen können; eine weitergehende Ausarbeitung des Rechen- und Lochkartenverfahrens im voraus ist jedoch im Rahmen dieses vorläufigen Berichtes nicht sinnvoll.

FSC
www.fsc.org
MIX
Papier | Fördert gute Waldnutzung
FSC® C083411

Zeitfracht Medien GmbH
Ferdinand-Jühlke-Straße 7
99095 Erfurt, Deutschland
produktsicherheit@kolibri360.de